ロボティクスシリーズ 18

身体運動とロボティクス

工学博士 川村 貞夫 編著
博士(工学) 小澤 隆太
博士(工学) 塩澤 成弘
博士(学術) 吉岡 伸輔　共著
博士(工学) 伊坂 忠夫
博士(工学) 平井 宏明
工学博士 宮崎 文夫

コロナ社

ロボティクスシリーズ編集委員会	
編集委員長	有本　卓（立命館大学）
幹　　　事	川村貞夫（立命館大学）
編 集 委 員 （五十音順）	石井　明（立命館大学） 手嶋教之（立命館大学） 渡部　透（立命館大学）

（2009年1月現在）

刊行のことば

　本シリーズは，1996年，わが国の大学で初めてロボティクス学科が設立された機会に企画された．それからほぼ10年を経て，卒業生を順次社会に送り出し，博士課程の卒業生も輩出するに及んで，執筆予定の教員方からの脱稿が始まり，出版にこぎつけることとなった．

　この10年は，しかし，待つ必要があった．工学部の伝統的な学科群とは異なり，ロボティクス学科の設立は，当時，世界初の試みであった．教育は手探りで始まり，実験的であった．試行錯誤を繰り返して得た経験が必要だった．教える前に書いたテキストではなく，何回かの講義，テストによる理解度の確認，演習や実習，実験を通じて練り上げるプロセスが必要であった．各巻の講述内容にも改訂と洗練を加え，各章，各節の取捨選択も必要だった．ロボティクス教育は，電気工学や機械工学といった単独の科学技術体系を学ぶ伝統的な教育法と違い，二つの専門（T型）を飛び越えて，電気電子工学，機械工学，計算機科学の三つの専門（π型）にまたがって基礎を学ばせ，その上にロボティクスという物づくりを指向する工学技術を教授する必要があった．もっとたいへんなことに，2000年紀を迎えると，パーソナル利用を指向する新しいさまざまなロボットが誕生するに及び，本来は人工知能が目指していた"人間の知性の機械による実現"がむしろロボティクスの直接の目標となった．そして，ロボティクス教育は単なる物づくりの科学技術から，知性の深い理解へと視野を広げつつ，新たな科学技術体系に向かう一歩を踏み出したのである．

　本シリーズは，しかし，新しいロボティクスを視野に入れつつも，ロボットを含めたもっと広いメカトロニクス技術の基礎教育コースに必要となる科目をそろえる当初の主旨は残した．三つの専門にまたがるπ型技術者を育てるとき，広くてもそれぞれが浅くなりがちである．しかし，各巻とも，ロボティクスに

直接的にかかわり始めた章や節では，技術深度が格段に増すことに学生諸君も，そして読者諸兄も気づかれよう。恐らく，工学部の伝統的な電気工学，機械工学の学生諸君や，情報理工学部の諸君にとっても，本シリーズによってそれぞれの科学技術体系がロボティクスに焦点を結ぶときの意味を知れば，工学の面白さ，深さ，広がり，といった科学技術の醍醐味が体感できると思う。本シリーズによって幅の広いエンジニアになるための素養を獲得されんことを期待している。

2005 年 9 月

編集委員長　有本　　卓

ま え が き

　ロボティクスは，学問としていまだ萌芽的発展段階にある．センサ，アクチュエータ，コンピュータの統合体として，自律的機能を生み出す原理の解明は，システム統合化の視点において，ようやくハード的にも探究できる状況となりつつある．ロボットは，人間や生物の運動・機能・知能から刺激を受け，その人工的実現を探究してきた．その中でも人間の身体運動は，ロボットの実現方法のアイディアが内在しており，つねにロボット研究者の強い興味の対象であった．一方，人間の身体運動の科学やスポーツ競技のための科学は，スポーツ科学，バイオメカニクス，リハビリテーション，医療・福祉等のさまざまな分野にまたがって，その科学と技術が研究されてきた．1980年代からロボットや人体に共通する多リンク構造の力学と制御に関する研究がロボティクス分野で発展し，その成果は身体運動科学に関わる分野でも広く利用されてきた．

　近年，筋骨格構造のロボットやシミュレータが開発され，身体運動科学とロボティクスは，以前にも増して相互に刺激し合いながら発達してきている．特に，エネルギー効率の高い運動，しなやかで美しい運動，複雑な制約条件を満足する運動等の運動の巧みさについては，両分野からの研究が活発に行われている．しかし，両方の学問分野はいまだ発展段階であるので，体系的・網羅的なテキストとすることは困難と思われる．さらに，未解明な身体運動の部分に関して，教科書として既成概念のみを固定化させてしまうことに筆者らは慎重でありたいと願う．そこで，本書では，以下の内容とした．

(1)　ロボットと身体で関連する運動の計測と解析法についての説明
(2)　スポーツ科学・運動科学からのアプローチによる運動の巧みさ研究紹介
(3)　ロボティクスからのアプローチによる運動の巧みさ研究紹介

　以上のような基本的な考え方に立脚し，1章「身体運動科学とロボティクス」

を川村貞夫（立命館大学）が，2章「運動学的モデルと計測」を小澤隆太（明治大学）が，3章「身体運動の力学的計測と解析」を塩澤成弘（立命館大学）が，4章「筋骨格モデルを用いた動作解析法」を吉岡伸輔（東京大学）が，5章「身体運動の巧みさの解析」を伊坂忠夫（立命館大学）が，6章「センシングと運動の協調」を平井宏明（大阪大学）が，7章「運動学習と巧みさの発達」を宮崎文夫（大阪大学名誉教授）が担当した。1～3章までは基礎的な内容のため各章に章末問題を付けた。4～7章は専門的な内容や研究トピックスの中から本書の目的とする内容が理解できる構成とした。そのため章末問題は付けていない。

　本書では「人間」の表現に，「人」や「ヒト」も用いている。一般には，人間を他の生物と同様に取り扱う場合には「ヒト」が用いられる。ただし，前述のように，身体運動科学とロボティクスは発展段階にあるので，本書では著者の判断として，統一した表現としていない。

　本書は，ロボット研究者を目指す学生，院生，研究者に対して，身体運動の巧みさの研究に関する情報を提供し，また一方でスポーツ科学・バイオメカニクスの身体運動科学の研究者をめざす学生，院生，研究者にロボティクス分野からの情報提供となり，両分野に新しい成果を生み出す一助になればと期待したい。紙面の制約のみならず，筆者らの浅学非才から，多くの不十分な点を含んでいると思われる。これらの点に関しては，今後多くのご指摘を賜りたいと思っている。

　2019年3月

川村　貞夫

目　　　次

1. 身体運動科学とロボティクス

1.1　身体運動科学とロボティクスの歴史 …………………………………… 1
1.2　多関節構造体の運動解析方法 ―形の問題と動きの問題― ………… 3
1.3　運動制御 ―フィードバック制御とフィードフォワード制御― ……… 4
1.4　身体運動の特徴 …………………………………………………………… 5
　1.4.1　冗長多関節構造 …………………………………………………… 5
　1.4.2　筋配置構造 ………………………………………………………… 6
　1.4.3　粘弾性変化 ………………………………………………………… 7
1.5　多関節構造体の特徴 ―特異姿勢― …………………………………… 8
1.6　身体運動をロボティクスの視点で考える ……………………………… 9
　1.6.1　ドアまで近づきドアノブをつかむ動作 ………………………… 9
　1.6.2　指合わせ動作 ……………………………………………………… 11
1.7　モ デ ル 化 ……………………………………………………………… 13
章 末 問 題 …………………………………………………………………… 14

2. 運動学的モデルと計測

2.1　身体の構造とそのモデル化 ……………………………………………… 15
　2.1.1　身 体 の 分 節 …………………………………………………… 16
　2.1.2　関節の動きの表現 ………………………………………………… 17
　2.1.3　リンクの動きの表現 ……………………………………………… 23
2.2　計 測 シ ス テ ム ………………………………………………………… 26

2.2.1　計測システム ··· 26
　　　2.2.2　関節角の推定法 ·· 30
　章末問題 ··· 31

3.　身体運動の力学的計測と解析

3.1　力の計測方法 ··· 32
　　　3.1.1　ロードセル（力センサ） ·· 32
　　　3.1.2　床反力計 ·· 34
　　　3.1.3　筋電図 ·· 36
　　　3.1.4　加速度センサ ·· 40
3.2　身体運動の力学 ··· 41
　　　3.2.1　骨格筋 ·· 41
　　　3.2.2　身体運動の力学モデル ·· 42
　　　3.2.3　単関節運動の静力学 ·· 42
　　　3.2.4　単関節運動の動力学 ·· 46
　　　3.2.5　多関節運動の動力学 ·· 48
3.3　身体運動の解析方法 ··· 53
章末問題 ··· 55

4.　筋骨格モデルを用いた動作解析法

4.1　逆動力学を用いた筋張力の推定法 ····································· 57
　　　4.1.1　解析の流れ ·· 58
　　　4.1.2　剛体リンクモデルと筋骨格モデル ································ 58
　　　4.1.3　筋骨格モデルのパラメータ ······································ 60
　　　4.1.4　数値最適化計算と評価関数 ······································ 62
　　　4.1.5　計算時間 ·· 65

4.2 順動力学を用いた筋張力の推定法 ……………………………… 66
　4.2.1 解析の流れ ……………………………………………………… 66
　4.2.2 筋骨格モデル …………………………………………………… 67
　4.2.3 数値最適化計算と評価関数 …………………………………… 68
　4.2.4 コンピュータの性能の向上と筋骨格モデルの複雑化 ……… 70
　4.2.5 実際の動作解析例 ……………………………………………… 72

5. 身体運動の巧みさの解析

5.1 しなやかな動作（日本舞踊） ………………………………………… 76
　5.1.1 運動学的評価 …………………………………………………… 77
　5.1.2 筋電図による拮抗筋の共収縮評価 …………………………… 79
5.2 力強い動作（ウエイトリフティング） ……………………………… 82
　5.2.1 バーベルの軌跡 ………………………………………………… 82
　5.2.2 床反力と筋電図の左右対称性 ………………………………… 85
　5.2.3 リフティングスキルとエネルギー転移 ……………………… 87

6. センシングと運動の協調

6.1 センシングの二つの役割 ……………………………………………… 91
6.2 センシングと運動パフォーマンス …………………………………… 93
6.3 身体運動の協調 ………………………………………………………… 96
　6.3.1 ベルンシュタイン問題 ………………………………………… 96
　6.3.2 ダイナミックシステムズアプローチ ………………………… 98
　6.3.3 運動リズム・動作タイミング ………………………………… 99
6.4 運動スキルの工学的実現 ……………………………………………… 99
　6.4.1 ジャグリングの運動スキル …………………………………… 99
　6.4.2 運動リズムの生成 ……………………………………………… 101

7. 運動学習と巧みさの発達

- 7.1 運動スキルの分類 ……………………………………………… 108
  - 7.1.1 タスクに基づいた分類 …………………………………… 108
  - 7.1.2 運動と認知に着目した分類 ……………………………… 108
  - 7.1.3 環境の予測性のレベルに基づいた分類 ………………… 108
- 7.2 スキルを実現するための情報処理 …………………………… 109
  - 7.2.1 脳の中枢神経系でなされる情報処理 …………………… 109
  - 7.2.2 閉ループと反応の遅れ …………………………………… 110
  - 7.2.3 反応の遅れを克服するための予測 ……………………… 111
  - 7.2.4 GMP とスキーマ ………………………………………… 112
- 7.3 巧みな運動の学習 ……………………………………………… 113
  - 7.3.1 学習によるスキルの変化 ………………………………… 114
  - 7.3.2 コーチング ………………………………………………… 114
- 7.4 ロボットによる卓球タスクの学習 …………………………… 116
  - 7.4.1 ロボット本体と計測制御システム ……………………… 116
  - 7.4.2 卓球タスクのためのスキル ……………………………… 118
  - 7.4.3 注意の操作に関する教示 ………………………………… 118
  - 7.4.4 スキーマ（入出力マップ）の学習 ……………………… 119
  - 7.4.5 ラケットの操作スキルを習得するための部分追加練習 ……… 121
  - 7.4.6 卓球タスクの動作スキルの学習 ………………………… 122
  - 7.4.7 ロボットによる卓球タスク ……………………………… 123
  - 7.4.8 ヒトとロボットの卓球ラリー …………………………… 125

引用・参考文献 ……………………………………………………… 127

章末問題解答 ………………………………………………………… 131

索　　　引 …………………………………………………………… 133

1 身体運動科学とロボティクス

　身体運動の科学は，医学，スポーツ科学等の生体を対象とする分野での研究と理解されることが多いかもしれない。病気を治す目的やスポーツ競技成績を向上させる目的などのために，身体を科学することが必要となる。これらの目的とはおそらく無関係に，人間の身体運動の巧みさや美しさに魅せられて，身体を深く観察し，絵画や彫像によって表現することは古来より行われてきた。

　現在，身体運動の科学は，人間の運動と関わる諸科学に広がっている。例えば，DNA解析などの生命科学的研究分野にも広がっている。本書では，このようなミクロ的な視点での身体運動科学よりも，マクロ的視点での体幹，各関節，各筋肉の運動に関する身体運動科学を対象とする。

　身体には多くの関節と筋肉が存在し，その使い方によってきわめて効果的・効率的な運動を生み出すことができる。このような身体運動の特徴には未解決な問題が多く，今後の研究成果によって，人間を深く理解すると同時に，医学，リハビリテーション学，スポーツ科学等の分野にとって大きな成果が得られることはいうまでもない。これとは別に，本書の以下では身体運動科学が，ロボティクス（ロボット学）といかに関連し，両者が連携または一体化して研究が推進されることを説明しよう。

1.1　身体運動科学とロボティクスの歴史

　マクロ的視点での身体運動を考える際に，身体運動科学はロボティクスに強

いつながりを持つ，または，ロボティクス分野の中に身体運動科学を含んでいるともいえる。もともと，ロボット研究の始まりには大きく分けて，「人間と同じような機能・形態の人工物の創造」，「人間の作業の代替機能の実現」の二つが想定される。前者は人間の身体運動と深く関わり，人間のような形態で，人間のような機能を有する人工物を，どのように実現するかがロボティクスとしての問題となる。この問題に対して，現在までに多くのロボットが開発されてきた。一方，形態は異なっても，人間と同様の機能を果たすロボットも作られてきた。例えば，食品の製造装置開発の過程を見ると，まず初めに熟練作業者の手練の早業を，装置開発者が注意深く観察し，その熟練者の運動を科学し，熟練作業の本質を明らかにする。つぎに，その機能の本質を，利用可能な要素やシステムを用いて製造装置を開発する場合が多い。最終的に機械システムの形態は，人間とは異なる場合が多い。このような場合にも，身体運動を科学することが研究開発の始まりとなる。このような過程は，身体運動科学からロボティクスへの貢献となっている。

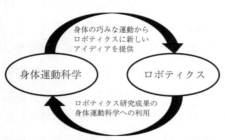

図 1.1　身体運動科学とロボティクスの関係

一方，ロボティクスから身体運動科学への貢献も大きい。ロボット研究では人間と同様の形態や機能を実現するので，ロボット研究によって得られた解析方法，計測方法，モデル化法等は，身体運動科学にとっても有用な手段を与えてくれる。例えば，多関節構造体の運動方程式やその特徴は，ロボットのニーズがあって研究が加速し，その結果として身体運動科学分野にも利用されるようになった。これらの関係は図 1.1 にまとめられる[1]〜[5]†。

---

† 肩付きの数字は，巻末の引用・参考文献を示す。

1.2 多関節構造体の運動解析方法
―形の問題と動きの問題―

　多関節構造の身体運動を解析する場合，二つの問題に分けて考えることができる。一つは"形の問題"あり，もう一つは"動きの問題"である。形の問題を考える際には，その身体の形状をどのように表現するか，その形の意味は何かを考える。したがって，位置や姿勢を表現するための座標系，座標系間の変換等が必要となる。形状の時間変化を考える場合もあるが，その運動がどのような力やトルクで生成されるかは考えない。このようなおもに形状を科学する分野をロボティクスやバイオメカニクスでは**運動学**（kinematics）と呼ぶ。この運動学では，幾何学，線形代数学等が有用である。また具体的な計測値としては，身体やロボットの腕の長さ（ロボットのリンク長さ）および関節角度が情報として必要となる。

　つぎに，作用する力やトルクに対して運動がどのように作られるかの動きの問題を考える分野が必要となる。どのような速度パターンで運動するかは，ロボット作業の成否，スポーツ競技のパフォーマンスに大きく関係する。このような動きを科学するためには，運動の速度，加速度等と力・トルクの関係を考える必要があり，一般に運動方程式を利用する。その中では，各リンクの質量，慣性モーメントや力，トルクが含まれる。このような動きを科学する分野をロボティクスでは**動力学**（dynamics），バイオメカニクスでは**運動力学**（kinetics）と呼ぶ[†]。この動力学（運動力学）では，運動方程式は時間についての微分方程式で表現され，数学における解析学が重要となる。

[†] 専門分野によって，利用する専門用語が異なる場合がある。ロボティクスでは，先に述べたように，座標変換や微小変化の関係は，運動学と呼び，入力に対する運動の様子を表す関係を動力学と用言する。一方，バイオメカニクス分野では，運動学については同様であるが，上記の動力学を運動力学と呼んでいる。

1.3 運動制御
─フィードバック制御とフィードフォワード制御─

ロボットや身体の多関節構造体の形の記述と動きの記述が可能となり，つぎに考えるべきことは，運動をどのように制御するかである．一般に運動制御として，**フィードバック制御**（feedback control）と**フィードフォワード制御**（feedforward control）がある．

フィードバック制御では，センサから信号を脳にフィードバックして，なんらかの状態を認知し，アクチュエータに入力を与える．例えば，ロボットの関節に角度センサが搭載され，コンピュータのサンプリングタイムごとに目標角度と実際の角度の偏差を認知して，その偏差を小さくするように電動モータに入力信号が送られることなどが，この場合に相当する．また，人間では子供がお手本の字を見ながら筆を動かす場合はフィードバック制御となる．すなわち，人間は目標とする字から自分の筆先が離れることを視覚で認識するとその偏差量を小さくして目標の字に近づける働きをしている．このようにフィードバック制御では，目標位置が途中で変更されても，視覚等のセンサで追従することが可能である．

しかし，運動が高速になるにしたがって，フィードバック制御ができない状況が生まれる．センサで計測し，コンピュータで計算し，アクチュエータで駆動させるためには一定の時間が必要であり，要求される運動のスピードが速くなるとフィードバック制御は機能せず，いわゆる不安定な状況が発生する[6]．このような場合に有効な方法が，フィードフォワード制御である．フィードフォワード制御では，各サンプリングタイムでセンサからの信号に基づく制御入力計算は行わず，運動開始時点にあらかじめ決めた制御入力をアクチュエータに与える．ロボットを高速で高精度に目標運動に追従させるためには，フィードバック入力にフィードフォワード入力を加えることがよく知られている．

また，人間の書字動作でも，高速になるとフィードフォワード制御に変わる．したがって，字を書き終わるまで，途中の変更ができない．他の多くのスポー

ツにおいても，高速運動を行う場合には同様であり，運動途中で変化することはできない。このような人間の特性がスポーツ競技では巧妙に考慮されて研究されている。

1.4 身体運動の特徴

1.4.1 冗長多関節構造

身体運動の特徴として，多関節構造とその冗長性が挙げられる。身体は多くの関節を持つ構造を有している。通常，剛体の力学モデルでは，剛体の位置と姿勢を決定するために，図 1.2 に見られるように**位置**（position）(x, y, z) と**姿勢角**（orientation）(α, β, γ) の合計 6 変数が必要となる。

このように物体の運動を規定する変数を**自由度**（degree of freedom）と呼ぶ。これに対して，ロボティクスでは関節数を自由度と表現する。したがって，「6 自由度以上の 7 自由度ロボット」等の表現を利用し，冗長関節を有するロボットの研究も行われてきた[7]。

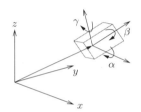

ここでは姿勢の表現の詳細を記述していないので，詳細は他の成書を参考のこと
図 1.2 剛体の自由度

人間の腕の自由度は 7 自由度と考えられる。これをつぎのように確認する。図 1.3 のように，人間の肩の位置は固定されているとする。この場合，肩関節，肘関節，手首関節を腕と考え，手指は対象としない。肩関節には 3 自由度，肘関節には 1 自由度，手首関節には 3 自由度が存在する。合計で 7 自由度となる。先に述べたように，空間内の対象物体の位置と姿勢を決定するためには，6 自由度（6 関節）あれば十分であり，7 自由度は 1 自由度冗長となる。この事実にはつぎのようにしても確認できる。任意の位置と姿勢に置かれた対象物体を把持する。その際，図 1.4 に見られるように，対象物体の位置と姿勢を変化せずに，肘の位置を動かすことができる。この 1 自由度が冗長となっている。

 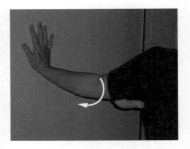

図 1.3　腕の 7 自由度　　　　図 1.4　手先固定での 1 自由度冗長

上記の説明は，肩の位置を空間内で固定した場合であり，胴体部や下肢の関節運動を含めれば，冗長性はさらに高まる。例えば，対象物体を空間内で把持した状態でも，人間は胴体部，下肢の関節を自由に運動させることが可能である。このような冗長多関節構造を有するために，多様な運動を作り出すことが可能となり，関節運動の組み合わせ数はきわめて多くなる。このきわめて冗長な解の中から人間はさまざまな目的のために，適切な解を選択していると思われる。この問題は，ベルンシュタイン問題（Bernstein's problem）として知られており[8]，6.3.1 項でも触れられる。また，この問題を意識したロボティクスとしての研究も見られる[9],[10]。

1.4.2　筋配置構造

筋は収縮時に力を発生するので，一つの関節を両方向に運動させるためには，二つの筋を拮抗させる必要がある。人間の筋配置は，1 関節 2 拮抗筋の構造のみで構成されるのではなく，以下の二つの特徴を持つ。

- **冗長筋配置**　一つの関節を同じ方向に運動させるために，複数の筋肉が配置されている。例えば，腕相撲のような状態で，腕の肘関節を曲げるために，上腕二頭筋と上腕筋の両方が働く。
- **2 関節筋**　図 1.5 に見られるように，上腕二頭筋は，前腕に筋肉の起点があり，他方は上腕と肩の両方につながる。したがって，前腕から肩までの 2 関節に筋が作用する。

冗長な筋配置があるために，画一的な筋トレーニングでは特定の筋肉のみの強化となる可能性がある。これを解決するために，インナーマスル・トレーニング方法が利用されている。4章において，このような冗長筋の筋力の解析方法が説明される。一方，2関節筋はロボティクスの視点からも興味深い[11]。1関節2拮抗筋のみを配置する多自由度機構では，作り出せない優れた効果を2関節筋構造が生み出すことが報告されている[12]。下肢における2関節筋の働きの例は，5章の熟練者のウエイトリフティング動作において解析されている。

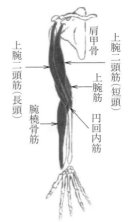

図 1.5 上腕筋肉（右腕）

1.4.3 粘弾性変化

「柔らかさ」は，生体運動を議論する際に，必ず挙げられるキーワードの一つである。ここでの柔らかさは，関節に弾性が存在し，外力によって関節が動く場合を想定する。現状のロボットの関節は固く，外力が関節に加わっても，関節が動かない場合が多い。このような固いロボットが有用な作業もある。一方，人間の作業をロボットが代替するためには，生体の持つ柔らかさを実現することが重要となる。

人間の関節運動を考えた場合，筋の**粘性**（viscosity），**弾性**（elasticity）が存在し，それらの粘弾性の大きさは変化する。一つの関節に拮抗的に配置された1対の筋の両方の筋を弛緩すれば関節は柔らかくなり，外力により動かしやすくなる。逆に，両方の筋を緊張させれば関節は固くなる。このように筋の緊張状態の違いによる関節の柔らかさが，人間の巧みな運動や作業実現に深く関わっている[13]。

ロボティクスにおいても**柔軟性**（flexibility）は重要視されてきた[14]。例えば，ドアを開閉する作業は，人間は容易に行う。しかし，指先皮膚のような柔軟性や指・腕の関節の柔軟性がまったくないロボットが，ドアノブをドアの半径

に沿った軌道で運動する際に現実的には深刻な問題が発生する。すなわち，ドアの半径に沿った軌道に少しでも誤差が含まれると，ドアとロボットの間に大きな力が発生し，ロボットの力が弱ければ，ドアを開けることができない。一方，ロボットの力が大きいと，ドアノブを破壊するかドアを引きちぎってしまうことになる。これを回避するためには，ロボットハンドの指先に柔軟性を持たせる方法やロボット関節自体に柔軟性を持たせることが有効である。ロボットの手先の弾性を制御することをコンプライアンス制御と呼び，慣性，粘性，弾性の各パラメータ値を制御することをインピーダンス制御と表現している。

1.5 多関節構造体の特徴―特異姿勢―

多関節構造には特性が大きく変化する特徴がある。この特徴を示すために，2関節構造を想定し，各関節が±15°変化するときに，手先がどのような運動をするかを図 **1.6** に示す。図 (a), (b) に見られるように，関節の微小変化に対して手先の運動範囲は大きく異なる。図 (a) では均等に広がりがあり，図 (b) では特定の方向に大きな運動となっている。

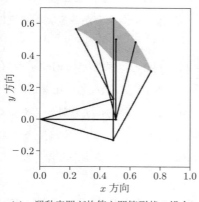 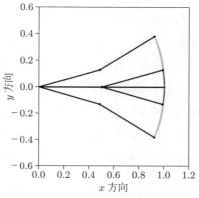

(a) 運動空間が均等な関節形状の場合　　(b) 運動空間が均等でない関節形状の場合（特異姿勢）

図 1.6　2 関節構造の各関節が ±15° 変化するときの手先の運動の様子

図 (a) では，各関節の角度の変化に対して，手先は x 方向，y 方向の両方向に移動する。これによって，空間内にさまざまな運動を作り出すことが可能である。人間の腰関節・膝関節とすれば，膝を曲げた状態となり，上下と前後に動きやすい姿勢となる。

一方，膝（または肘）が伸びきるような姿勢近傍（図 (b)）では，図の x 方向への手先の移動量は少なくなる。このような状態をロボティクスでは**特異姿勢**（singular posture）と呼ぶ。3 関節（自由度）以上の場合を含めて，一般的に多関節構造体のこのような特徴は，ロボティクスで詳細に解析されている[7]。

このような特異姿勢では，x 方向の運動は小さくなり，y 方向の運動は大きくなる。人間の場合，腕の肘関節とすると，運動方向が限定されるので，腕のみでの作業には適さない。一方，脚の膝関節とすると，x 方向の運動が大きいので，x 方向を進行方向とした移動には適した姿勢となる。

事実，われわれは膝を伸ばした特異姿勢で通常の歩行を行っている。腕の場合においても，特異姿勢を効率的に利用する場合もある。ウエイトリフティングのように高重量物を一定時間保持する際には，肘を伸ばした特異姿勢によって，筋肉への負担を低減している。

1.6 身体運動をロボティクスの視点で考える

1.6.1 ドアまで近づきドアノブをつかむ動作

身体運動をロボティクスの視点で考えてみよう。以下に簡単な実験を考える。図 **1.7** のように，少し離れたところから歩いて，ドアに近づきドアノブをつかむまでの動作である。より詳細に問題を記述する。

〔ドアノブ問題〕
① 3m 程度ドアから離れたところから，両足をそろえて立ち停止する（図 (a)）。
② ドアに近づき（図 (b)），ドアノブをつかむ（図 (c)）。
③ 同じ動作を 5 回程度行う。各回の運動を観察する。

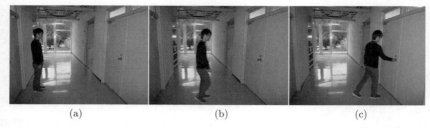

図 1.7　ドアノブ問題

④ 1.5 m 程度ドアから離れたところから上記 ① ～ ③ と同じ動作を繰り返す。

この実験から以下が得られる。

(1) ① ～ ③ からわかることは，ドアノブをつかむ体の形が毎回ほぼ同じである。これは，じつは意外な結果である。なぜならば，人間の関節数は冗長であり，ドアノブをつかむ体の形は一つには決まらない。腰を大きく曲げ，肘も大きく曲げる形も，ドアノブをつかむ動作では可能である。

(2) 脚について ① ～ ③ からわかることは，毎回同じ足が出ていることである。右利きの多くの人は右足が前で，左足が後ろになっている場合が多い。この前足の位置も毎回ドアから同じ程度の位置にある。そのため，全身の形もほぼ毎回同じとなる。我々は体の多くの関節と筋肉に適切な指令を与えて，毎回ほぼ同じ形を実現する。

(3) 上記 (2) の動作で，興味深い点は，ドアノブをつかむ意識の腕の運動は，ある程度意識があるものの，脚の運動に関しては，あまり意識していないことである。無意識に移動して，腕の運動は脚運動と協調してドアノブをつかむ動作を実現している。ここには意識のレベルの違いがあるように考えられる。すなわち，脚運動はきわめて移動の基本であり，人間は強く意識しなくとも適切な運動が可能となっている。運動制御には階層性があるように考えらえる。このような運動制御の階層性は，多自由度のロボットの運動制御理論構築の観点からも興味深い。例えば，50 関節のロボットを実現しようとし，50 個の関節角度値とその微分の 50 個

の関節角速度を,すべてフィードバックして関節に発生するトルクを計算するような運動制御理論では,計算時間や信号の遅延が長く,プログラムミスも発生しやすいと予想される。それゆえに,本体の移動や対象物の操りなど作業目的ごとにある程度機能を分散化,階層化することが有用となると予想される。

(4) ① ~ ④ からわかる点はさらに興味深い。すなわち,ドアまで距離が異なるところから移動し,ドアノブをつかむことになる。④ の場合も,① ~ ③ と同様の最終姿勢になることが多い。この場合,本来であれば,どちらの足から移動を開始すべきかは大きな問題である。なぜなら,歩幅はだいたい決まっているので,奇数歩か偶数歩かをあらかじめ計画しておかなければならないように思える。しかし,人間は運動計画などの意識はなく,歩行を実現している。現状のロボットの運動制御では,一般的にこの問題を解くためには,緻密な運動計画を立てる必要がある。

1.6.2 指合わせ動作

この例では,自分の指先を合わせる動作を考える。図 **1.8** のように左右の手の人差し指の先端を合わせる動作である。以下の簡単な実験を行う。

図 **1.8** 指合わせ問題

〔指合わせ問題〕

① 両目をつぶって,片方の指先を止め,他方の指先を移動させて,指先を合わせる。5 回程度実施して,指先の位置精度を確認する。

② 両目を開けて，上記 ① と同様の実験を行う．
③ 両目を開けて，視野外から他方の指先運動を開始して，上記 ① と同じ実験を行う．
④ 上記 ① と同様の実験を行っている運動の途中で，目を開けたり閉じたりする．

これらの実験から，つぎのことがわかる．

(1) 実験 ① では視覚以外に腕や指の形状を認識できる感覚が存在し，両目をつぶっていても指先位置は認識できる．これは，筋にある筋紡錘が筋肉の緊張状態を感知するなどして認識できていると思われる．しかし，その精度はあまり高くないために，指先を正確に一致させることは困難である．

(2) 実験 ② では両目を開けて同じ動作をした場合，目からの視覚情報があるために，指先位置合わせが可能となる．

ここで疑問が生じる．視覚情報を用いている場合には，筋感覚の情報は複合して利用しているのであろうか．または，視覚情報のみを利用して筋感覚情報はまったく利用していないのであろうか．これらの問いはロボティクスとしても興味深い．

そこで，実験 ③，④ の状況を観察してみよう．

(3) 実験 ③ の両目を開けてこの動作を行う場合，視野外での運動は，筋感覚であり視覚から情報はない．視野に入ってからは，視覚情報と筋感覚情報の両方が働いているか，筋感覚から視覚に切り替えられているかは明確にできないが，運動は連続的に達成でき，滑らかな運動となっている．

(4) 実験 ④ では，視覚情報がある場合とない場合が交互に現れる．視覚情報がなくなった場合でも，突然運動方向がずれることはなく，問題なく指先が収束していく．

視覚と筋感覚の感覚器のみならず，人間には多様な感覚器が分布的に存在しており，これらのセンサ機能を巧みに利用することによって，個々の感覚器の欠点を補いあっているように考えられる．例えば，上記の例では，視覚は，人

間の周りの環境について大量の情報を提供できる．しかし，よく知られているように，視覚情報のサンプリングタイムは触覚などの感覚器に比して長く，短時間で認識することが困難である．これを他の感覚器が補っているとも考えられる．上記の指合わせの動作においては，筋感覚と視覚がどのように補いあっているかを解明することは人間科学，脳科学として興味ある問題である．さらに，ロボティクスとしては，まさにロボットの設計論となる．ロボットの関節角度情報と視覚情報をどのように組み合わせれば，効果的なロボットが実現できるかという問題になる．

1.7 モデル化

身体運動を科学するためやロボットを制御するために，多くのモデルを利用する．ここでのモデルは，対象とする実体（身体やロボット）の着目すべき内容を簡単に表現するものである．例えば，人間の身体を表すモデルとしては，鉛直軸を含む平面内の運動に限定して，**図 1.9** のような剛体3リンク構造（胴体部，上腿部，下腿部）などが利用される場合もある．さらに，より複雑な運動を表現するためには，剛体リンクの数を増やして，足関節，腕等の関節を付け加える．さらに，より実際に近づけるためには，3次元空間での運動として**モデル化**（modeling）する．

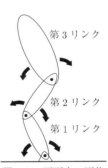

図 1.9 平面内の剛体3リンク構造

より複雑なモデルを利用すれば，より詳細な記述が可能となり，より詳細な解析が可能となる．しかし，同時につぎのような問題も発生する．

1. 複雑なモデルのために全体が見えにくくなる．全体に対する理論的思考が困難になる．
2. モデルの数式等の導出と記述のために多くのエネルギーと時間を必要と

する。

3. モデルに基づいて計算機シミュレーションを行う際に，計算コストと時間が大きくなる。

そこで，目的に応じたモデル化が重要となる。特に，身体運動のモデル化では，背骨等の多数の関節や皮膚の変形などを詳細にモデル化することが必要な目的もある。しかし，モデルが複雑になり過ぎることを避けるために，剛体リンク構造を考える場合も多い。

章 末 問 題

【1】 人間の直立2足歩行運動において，膝が伸展した特異姿勢となっている。この姿勢のメリットはなにか。

【2】 人間の2足歩行運動で重力はどのように利用されているか。

【3】 電磁調理器のフライパンの運動を考える。フライパンは電磁調理器の平面から離れないとする。この場合，フライパンの運動を可能とする自由度はどの方向で何自由度か。

【4】 自分の体重程度の重量物を持ち上げる場合，どのような体の使い方が妥当かを冗長関節，冗長筋構造などから考えよ。

【5】 肘関節を屈曲させる場合，手の甲が見えるように屈曲させると大きな屈曲力が発生できない。一方，手の平が見えるように屈曲させると大きな屈曲力が発生できるのはなぜか。

2 運動学的モデルと計測

近年,スポーツ科学,リハビリテーション,ロボティクスやアミューズメント等の分野において,人の動きがコンピュータ上に取り込まれ,再現されている。また,このための専用のハードウェアなども開発され,人の動きの計測が気軽に用いられるようになってきた。本章では,このような人の動きの計測のために有用なモデル化や計測法について述べる。

2.1 身体の構造とそのモデル化

人は200個近い骨から構成され,その骨格をおよそ400本の筋肉が覆っている。筋肉の端点は腱等を介して骨に固定されているため,筋肉を収縮させることで骨を引っ張り,体を動かすことができる。筋肉は関節を動かすだけでなく,その隆起により生じる皮膚の動き,さらには骨のきしみなどさまざまな動きを生み出す。このような人の動きをコンピュータ上に完全に表現するのは難しい。そこで,単純化した人体のモデルにより人の動きを表現する方法がとられる。図 2.1 は,運動している人(図 (a))とその単純化モデル(図 (b))を表している。このモデルは明らかにこの人間とは異なるが,これらの動きの対応がとれていることがわかる。このように,人間の動きは単純化されたモデルで表現できる。

単純化されたモデルを構成し,人の動きを再現する際には図 2.2 のような三つのモデル(解剖学,剛体,計測)を考える必要がある。解剖学モデル(anatomi-

16   2. 運動学的モデルと計測

(a) 運動している人　　(b) 単純化したモデル

図 2.1　運動している人とそれを単純化したモデル

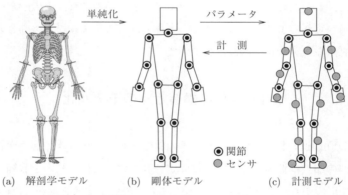

(a) 解剖学モデル　　(b) 剛体モデル　　(c) 計測モデル

図 2.2　解剖学モデル，剛体モデル，計測モデル

cal model）は実際の人間の詳細な構造を表している．**剛体モデル**（rigid body model）は，この解剖学モデルを複数の**剛体**（rigid body）の集まりと考えることで単純化したモデルである．**計測モデル**（mesurement model）はセンサ情報と剛体モデルの既知パラメータから剛体モデルの動きを推定するために必要なモデルである．本章では，これらの表現の仕方およびその関係を学んでいく．

2.1.1　身 体 の 分 節

身体の動きを捉えるためには，体をいくつかのブロックに分け，そのブロック間の相対運動を捉える必要がある．各ブロックは，変形の少ないもの，もし

くは表現したい運動に対して影響が十分小さいものを一つのブロックとみなす。通常，骨はほとんど変形しない剛体とみなせる。また，表現したい運動に対して，影響の少ない複数個の骨を一つの剛体とみなすことでモデルの簡略化ができる。

例えば，図 2.3 (b) のように，人の手は 20 個以上の骨から構成されているが，図 2.1 のような運動を再現する場合，図 2.3 (a) のように，これらを一つの剛体としてとらえれば十分である。一方，手の動きを再現する場合，図 2.3 (c) のように，手を複数個の剛体とみなす必要がある。このように，同じ部位でも要求によって適切な分節が異なる。そのため，解剖学モデルの構造と表現する目的の運動の両方を考慮した上で適切な剛体モデルを決定する必要がある。

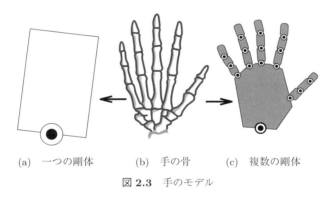

(a) 一つの剛体　　(b) 手の骨　　(c) 複数の剛体

図 2.3　手のモデル

2.1.2　関節の動きの表現

適切な剛体モデルが構成できたなら，つぎはこのモデルを基に身体の運動を考える必要がある。この運動は，分節された各剛体の相対運動（関節の動き）により表現できるが，この相対運動は関節の構造によって決まる。一般に，任意の二つの剛体間の相対運動は，三つの直交軸に沿った並進運動とその各軸まわりの回転運動の合計六つの運動で表現できる。しかしながら，関節ではいくつかの相対運動が拘束され，自由に動けない。そこで，実際の関節はどのような動きをするか見てみよう。

図 2.4 は人間に見られる典型的な関節の構造を表している．ここでは，靱帯が二つの骨をゆるく包み込むことで関節が外れないようになっている．骨の接触部は軟骨で覆われ，その間は髄液で満たされている．これにより，骨どうしの摩擦が軽減され，滑りと転がりが起こる．相対運動の自由度は骨の接触部分の形状や構造に依存する．例えば，図 2.5 のような膝関節の動きを考える．ここでは，大腿骨（太腿側）の上を頸骨（下腿側）が転がるようにして運動するが，大腿骨の先端の曲率半径が一定でないため，運動ともにその回転中心が移動していく．このように，膝の回転関節の運動は並進運動と回転運動が同時に起こっている．そのため，この動きを正確にモデル化するには並進と回転の複合運動が必要がある．多くの関節がこのような性質を厳密には示すが，図 2.1 のような全身運動を捉える場合，この並進運動は十分小さいとして無視できる．そのため，通常，この関節は 1 軸の回転運動としてモデル化する．

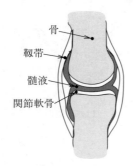
図 2.4　典型的な関節の構造

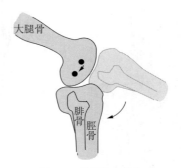
図 2.5　膝関節の動き

図 2.6 に代表的な関節形状を示す．図 (a) の蝶番関節は二つの骨が一つの平面上を 1 軸の回転運動する関節である．図 (b) の鞍関節は二つの軸まわりの回転運動が生じる．通常，これらの回転軸は一点で交わらない．このモデル化は二つのやり方がある．一つは，図 2.7 のように，三つの剛体間に生じる二つの 1 軸関節として捉える方法である．表現がやや複雑になるが，関節の動きは正確に捉えることができる．もう一つは，この 2 軸の回転軸のズレが十分小さいとして一点で交わるとみなす方法である．この場合，二つの剛体の間の 2 軸関

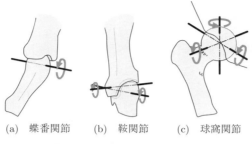

(a) 蝶番関節　(b) 鞍関節　(c) 球窩関節

図 **2.6**　1-3 軸を持つ関節の典型例

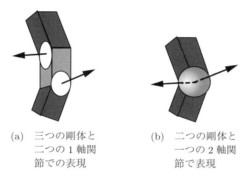

(a) 三つの剛体と
二つの 1 軸関
節での表現

(b) 二つの剛体と
一つの 2 軸関
節で表現

図 **2.7**　鞍関節のモデル化例

節として捉える．剛体の数が実際の分節と合うので理解しやすい．図 (c) の球窩関節は関節の先端部分が球形をしており，三つの回転軸が一点で交わると考えることができる．そのため，二つの剛体の間の 3 軸関節としてモデル化する．

このように各関節は，一つから三つの回転軸を持つ関節と考えることができる．関節の回転角を表すためには，回転軸の数と同じだけの姿勢を表す変数が必要となる．この関節の動きは，剛体の代わりに剛体に固定された座標系の間の関係により表現する．

直感的にこのことを理解するために，図 **2.8** (a) のような平面内で二つの剛体を考える．各剛体には座標系 $\Sigma_i (i=1,2)$ が固定されており，二つの剛体の回転角を θ とする．また，Σ_2 の x, y 座標軸方向の単位ベクトルをそれぞれ $\bm{r}_1, \bm{r}_2$ とおく．図 (b) のように両座標の原点を一致させ，Σ_1 から $\bm{r}_1, \bm{r}_2$ を観測した

20   2. 運動学的モデルと計測

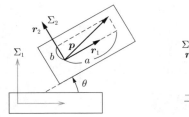
(a) 剛体と座標系

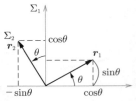
(b) 剛体に固定された座標系の関係

図 **2.8** 平面での剛体の回転

とき，各単位ベクトルはつぎのように表される。

$$\boldsymbol{r}_1 = \begin{bmatrix} \cos\theta \\ \sin\theta \end{bmatrix}, \qquad \boldsymbol{r}_2 = \begin{bmatrix} -\sin\theta \\ \cos\theta \end{bmatrix} \tag{2.1}$$

このベクトルは回転角 θ のみの関数となる。つぎに，剛体上に固定されたベクトル $\boldsymbol{p}$ について考える。このベクトルの $\boldsymbol{r}_1$ に沿った方向の要素を a，$\boldsymbol{r}_2$ に沿った方向の要素を b とすると

$$a\boldsymbol{r}_1 + b\boldsymbol{r}_2 = \begin{bmatrix} \boldsymbol{r}_1 & \boldsymbol{r}_2 \end{bmatrix} \begin{bmatrix} a \\ b \end{bmatrix} = \begin{bmatrix} a\cos\theta - b\sin\theta \\ a\sin\theta + b\cos\theta \end{bmatrix} \tag{2.2}$$

となる。式 (2.2) は，Σ_1 から見た $\boldsymbol{p}$ を表し，式 (2.2) の真ん中の式の右側のベクトルは Σ_2 から見た $\boldsymbol{p}$ を表す。$\Sigma_i (i=1,2)$ から見た $\boldsymbol{p}$ を $^i\boldsymbol{p}$ とすると，式 (2.2) は

$$^1\boldsymbol{p} = {}^1\boldsymbol{R}_2 \, {}^2\boldsymbol{p} \tag{2.3}$$

となる。ここで，$^1\boldsymbol{R}_2$ は**回転行列**（rotation matrix）と呼ばれ

$$^1\boldsymbol{R}_2 = \begin{bmatrix} \boldsymbol{r}_1 & \boldsymbol{r}_2 \end{bmatrix} = \begin{bmatrix} \cos\theta & -\sin\theta \\ \sin\theta & \cos\theta \end{bmatrix} \tag{2.4}$$

で定義される。左肩の数字は観測側の座標系，右下の数字は被観測側の座標系を表す。すなわち，各剛体に固定された座標系の座標軸の関係は回転角のみで

表される。この行列は，平面での回転行列の一般形となっている。

つぎに図 **2.9**(a) のように，右手系で配置された座標系 Σ_2 を考える。この軸方向の単位ベクトルを $\boldsymbol{r}_x, \boldsymbol{r}_y, \boldsymbol{r}_z$ とおく。図 (b) のように，座標系 Σ_2 が Σ_1 の z 軸まわりで θ 回転をするとき，$\boldsymbol{r}_x, \boldsymbol{r}_y, \boldsymbol{r}_z$ から，この回転行列 $\boldsymbol{R}_z(\theta)$ は

$$\boldsymbol{R}_z(\theta) = \begin{bmatrix} \boldsymbol{r}_x & \boldsymbol{r}_y & \boldsymbol{r}_z \end{bmatrix} = \begin{bmatrix} \cos\theta & -\sin\theta & 0 \\ \sin\theta & \cos\theta & 0 \\ 0 & 0 & 1 \end{bmatrix} \tag{2.5}$$

となる。同様に，Σ_2 を Σ_1 の y, x 軸まわりにそれぞれ ϕ, ψ 回転したときに得られる回転行列を $\boldsymbol{R}_y(\phi), \boldsymbol{R}_x(\psi)$ とおくと

$$\boldsymbol{R}_y(\phi) = \begin{bmatrix} \cos\phi & 0 & \sin\phi \\ 0 & 1 & 0 \\ -\sin\phi & 0 & \cos\phi \end{bmatrix}, \quad \boldsymbol{R}_x(\psi) = \begin{bmatrix} 1 & 0 & 0 \\ 0 & \cos\psi & -\sin\psi \\ 0 & \sin\psi & \cos\psi \end{bmatrix} \tag{2.6}$$

となる。$\boldsymbol{R}_x, \boldsymbol{R}_y, \boldsymbol{R}_z$ はいずれも一軸まわりの回転を表すので，一つのパラメータのみに依存する。

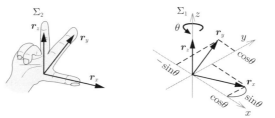

(a) 右手系で配置された座標系　(b) z 軸まわりでの回転

図 **2.9** 空間での z 軸まわりでの回転

一般に，回転行列はつぎのような基本的な性質を持つ。

1. 回転行列の行列式は 1 である。
2. 回転行列の各行（列）ベクトルのノルムは 1 であり，おのおの直交して

いる。

3. 回転行列 $^{i}\boldsymbol{R}_j$ の各列ベクトルは第 i 座標系から見た第 j 座標系の単位方向ベクトルを表している。そのため，位置ベクトルや回転行列の左からかけることで第 j 座標系のベクトルの視点を第 i 座標系の視点に変換できる。

4. 回転行列には重合せが成り立つ。例えば，a, b, c の三つの座標系の間の姿勢の変化は

$$^{a}\boldsymbol{R}_c = {}^{a}\boldsymbol{R}_b \, {}^{b}\boldsymbol{R}_c \tag{2.7}$$

が成り立つ。

5. 回転行列の逆行列は，つぎのような性質を持つ。

$$({}^{a}\boldsymbol{R}_b)^{-1} = {}^{b}\boldsymbol{R}_a = ({}^{a}\boldsymbol{R}_b)^T \tag{2.8}$$

鞍関節や球窩関節のように複数の回転軸をもつ回転関節の表現する場合，その回転行列は回転軸の数と等しい適切な回転行列を式 (2.7) のように掛けることで得られる。

一般には，三つの適切なパラメータを用いて任意の姿勢が表現できる。典型的な表現方法として，オイラー角やロール・ピッチ・ヨー（カルダン）角による方法がある。これらは，ある軸まわりの回転を決まった順番で 3 回行わせることで任意の二つの座標系の間の姿勢を決定する方法である。これ以外にも，4 元数を用いた表現などさまざまな方法がある。

ここでは，例として，ロール・ピッチ・ヨー角による表現を示す。これは z 軸まわりに ϕ，y 軸まわりに θ，x 軸まわりに ψ の回転を順番に行う方法である。この場合，回転行列 $^{i-1}\boldsymbol{R}_i$ は

$$^{i-1}\boldsymbol{R}_i = \boldsymbol{R}_z(\phi)\boldsymbol{R}_y(\theta)\boldsymbol{R}_x(\psi) \tag{2.9}$$

$$= \begin{bmatrix} C_\psi C_\phi & C_\phi S_\theta S_\psi - S_\phi C_\psi & C_\phi S_\theta C_\psi + S_\phi S_\psi \\ S_\psi C_\phi & S_\phi S_\theta S_\psi + C_\phi C_\psi & S_\phi S_\theta C_\psi - C_\phi S_\psi \\ -S_\theta & C_\theta S_\psi & C_\theta C_\psi \end{bmatrix} \tag{2.10}$$

となる。ここで $S_a = \sin a, C_a = \cos a$ とする。ここで，この行列 $^{i-1}\boldsymbol{R}_i$ の第

(j,k) 要素を r_{jk} と表すとする．この場合，関節角は回転行列の要素からつぎのように求められる．

$$\phi = \tan^{-1} \frac{r_{21}}{r_{11}} \tag{2.11}$$

$$\theta = \tan^{-1} \frac{-r_{31}}{r_{11}\cos\phi + r_{21}\sin\phi} \tag{2.12}$$

$$\psi = \tan^{-1} \frac{r_{13}\sin\phi - r_{23}\cos\phi}{-r_{12}\sin\phi + r_{22}\cos\phi} \tag{2.13}$$

この表現は，$\theta = \pi/2 + n\pi$ の時に特異点が存在し，姿勢のパラメータ表現が一意に表せなくなることが知られている．特異点の近辺での表現が重要な場合は，他の表現法を用いることで，この問題を回避できる．

2.1.3 リンクの動きの表現

身体の運動を表現するには，リンクの形と関節の動きがわかればよい．そのために，これらの位置の記述法が重要となる．各部位の運動の記述法を学ぶために，図 **2.10** のような一つの剛体を考え，この剛体上のある点の位置の表現をすることを考える．まず，環境に固定された基準座標系 Σ_b と剛体上の固定された剛体座標系 Σ_s を考える．このとき，剛体の運動は座標系間の動きとして表せる．

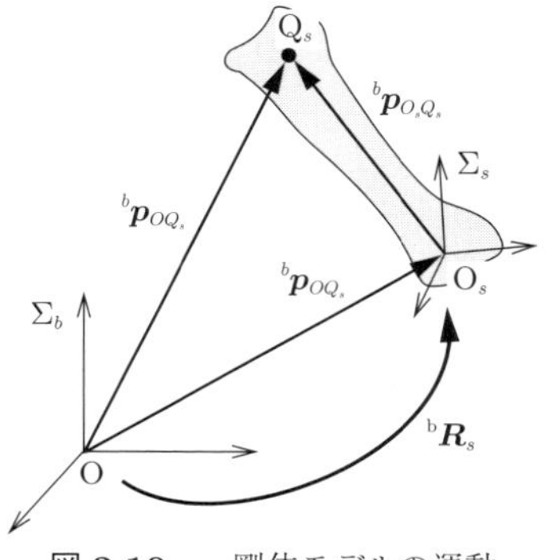

Σ_b と Σ_s のそれぞれの原点を O, O_s とし，剛体上の別の点を Q_s とする．基準座標系の原点 O から剛体上のある点 Q_s の位置ベクトルは

$$^b\boldsymbol{p}_{OQ_s} = {}^b\boldsymbol{p}_{OO_s} + {}^b\boldsymbol{p}_{O_sQ_s} \tag{2.14}$$

図 **2.10** 一剛体モデルの運動

と表せる．ここで左肩の文字はこのベクトルを記述する観測座標系を表し，右下付きの文字はベクトルの始点と終点を表す．例えば，$^b\boldsymbol{p}_{OQ_s}$ の場合，座標系

Σ_b から見た点 O から点 Q_s への位置ベクトルを意味する。位置ベクトルどうしの演算を行う場合，基本的に観測座標系（すなわち，左肩の記号）が同じでなければならない。また，二つの位置ベクトルの和をとる場合，式 (2.14) の O_s のように，それらの始点と終点が一致する必要がある。

ベクトル $^b\boldsymbol{p}_{O_sQ_s}$ は始点・終点ともに剛体上にあるベクトルであり，同じ剛体上のすべての点の位置関係は変わらない。そのため，剛体上の座標系 Σ_s から記述したベクトル $^s\boldsymbol{p}_{O_sQ_s}$ は一定となる。しかしながら，この場合，視点が変わるために式 (2.14) の表現には直接使えなくなるので，回転行列 $^b\boldsymbol{R}_s$ を用いて Σ_s から見た視点を Σ_b に変換する必要がある。このとき，式 (2.14) はつぎのように書き換えることができる。

$$^b\boldsymbol{p}_{OQ_s} = {}^b\boldsymbol{p}_{OO_s} + {}^b\boldsymbol{R}_s \, {}^s\boldsymbol{p}_{O_sQ_s} \tag{2.15}$$

剛体の位置は $^b\boldsymbol{p}_{OO_s}$ で決まり，姿勢は $^b\boldsymbol{R}_s$ により決まる。剛体上の任意の点 Q_s の位置 $^s\boldsymbol{p}_{O_sQ_s}$ を事前に求めておけばよい。

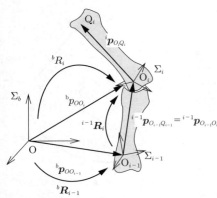

図 **2.11** 複数の剛体モデルの相対運動

つぎに図 **2.11** にある複数の剛体モデルの相対運動を考える。これらの相対運動は 1〜3 の自由度を持つ回転関節であるとし，すべての回転軸が一点で交わっているものとする。それぞれの剛体に取り付けられた座標系を Σ_{i-1} と Σ_i とし，各座標系の原点を $O_j (j = i-1, i)$，その剛体上のある点の座標を $Q_j (j = i-1, i)$ とする。Q_{i-1} と O_i は一致するように選んでおく。絶対座標系 Σ_b から見た剛体上の点 Q_i の位置ベクトルは

$$\begin{aligned} ^b\boldsymbol{p}_{OQ_i} &= {}^b\boldsymbol{p}_{OO_i} + {}^b\boldsymbol{R}_i \, {}^i\boldsymbol{p}_{O_iQ_i} \\ &= {}^b\boldsymbol{p}_{OO_{i-1}} + {}^b\boldsymbol{R}_{i-1} \, {}^{i-1}\boldsymbol{p}_{O_{i-1}Q_{i-1}} + {}^b\boldsymbol{R}_i \, {}^i\boldsymbol{p}_{O_iQ_i} \end{aligned} \tag{2.16}$$

ただし，$O_j = Q_{j-1}$ であることに注意する．また

$$^b\bm{R}_{j-1} = {}^b\bm{R}_1\,{}^1\bm{R}_2 \cdots {}^{i-2}\bm{R}_{j-1} \tag{2.17}$$

である．

もし $^b\bm{p}_{OO_{i-1}}$ が複数の剛体の運動の結果として生じるなら，式 (2.16) はつぎのように書き換えることができる．

$$^b\bm{p}_{OQ_i} = {}^b\bm{p}_{OO_0} + \sum_{j=0}^{i} {}^b\bm{R}_j\,{}^j\bm{p}_{O_jO_{j+1}} \tag{2.18}$$

例えば，図 **2.12** にあるような体節の剛体モデルの運動を考える．この剛体モデルは，人の胴体と腕を表しており，リンク 0, 1, 2 の三つのリンクから構成されている．各リンクには座標系 $\Sigma_i (i = 0, 1, 2)$ が固定されている．Σ_i の原点を O_i とし，リンク 2 の先端に点 Q_2 がある．例えば，図 2.1 (b) のように，コンピュータグラフィックスで各関節と手先を赤い点で描きたいとする．このためには，地面に固定された座標系 Σ_b から見た点 O_i と点 Q の位置 $^b\bm{p}_{O_0O_1}$, $^b\bm{p}_{O_0O_2}$, $^b\bm{p}_{O_0Q_2}$ を知る必要がある．これらは，図 (b) の関係と式 (2.16) からつぎのように求

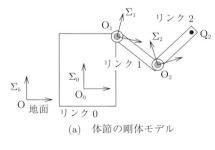

(a) 体節の剛体モデル

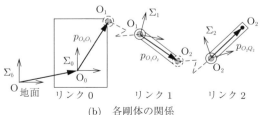

(b) 各剛体の関係

図 **2.12** 体節の剛体モデルの運動

まる.

$$^b\boldsymbol{p}_{OO_1} = {}^b\boldsymbol{p}_{OO_0} + {}^b\boldsymbol{R}_0 \, {}^0\boldsymbol{p}_{O_0O_1} \tag{2.19}$$

$$^b\boldsymbol{p}_{OO_2} = {}^b\boldsymbol{p}_{OO_0} + {}^b\boldsymbol{R}_0 \, {}^0\boldsymbol{p}_{O_0O_1} + {}^b\boldsymbol{R}_1 \, {}^1\boldsymbol{p}_{O_1O_2} \tag{2.20}$$

$$^b\boldsymbol{p}_{OQ_2} = {}^b\boldsymbol{p}_{OO_0} + {}^b\boldsymbol{R}_0 \, {}^0\boldsymbol{p}_{O_0O_1} + {}^b\boldsymbol{R}_1 \, {}^1\boldsymbol{p}_{O_1O_2} + {}^b\boldsymbol{R}_2 \, {}^2\boldsymbol{p}_{O_2Q_2} \tag{2.21}$$

このモデルに対応する人間の動きをセンサで取り込み，コンピュータグラフィックスで剛体モデルを表示させることを考える．つねに胴体をコンピュータ画面の中心に表示させたい場合，胴体の位置ベクトル $^b\boldsymbol{p}_{OO_0}$ は一定となる．$^i\boldsymbol{p}_{O_iO_{i+1}}$ ($i = 0, 1, 2$, ただし，$O_3 = Q_2$) は，あらかじめキャリブレーション等を行い決めておく．$^b\boldsymbol{R}_i$ ($i = 0, 1, 2$) はセンサ情報から逐次計測すれば，このような動きをコンピュータ上で実現できる．次節では，この回転行列を計測する方法を示す．

2.2 計測システム

一般的に，前節で述べた剛体モデルを用いて表現するとき，剛体に固定された座標系の記述が簡潔になるようにパラメータの配置等を選ぶ．一方，計測システムの座標系は，計測装置の取り付けやすさに依存し，必ずしも先の剛体モデルのものと一致しない．この場合，剛体モデルと計測システムとの間の座標変換が必要となる．本節では，これらの座標系の関係に基づき，計測されたデータから関節角を推定する方法を述べる．

2.2.1 計測システム

図 2.13 に示すように，関節の動きを捉えるためによく用いられるのは，つぎの四つの方法である．

1. 関節角を直接測る方法
2. センサの姿勢角を計測する方法
3. マーカの空間位置を計測する方法

図 **2.13** 身体運動の計測装置

4. センサの空間位置・姿勢を計測する方法

最初の代表的なものは，図 (a) の**ゴニオメータ**（goniometer）といわれる直接関節角を計測する装置である．この装置は直接的に関節角パラメータが計測できる．この場合，関節パラメータと構造に合わせて，式 (2.9) のような回転行列を決定し，計測した関節パラメータをこの行列に当てはめることで $^{i}\boldsymbol{R}_{i+1}$ が直接求まる．一方，このセンサは体の動きを拘束したり，球窩関節のような多軸計測用の装置の設計が複雑になったりするという欠点を持つ．

2 番目の代表的な方法は，加速度・ジャイロセンサや磁気センサ等を利用する図 (b) の方法である．これらのセンサは，**慣性**（**IMU**, inertial mesurement unit）**センサ**とも呼ばれる．この場合，ジャイロセンサによる角速度情報の積分値からセンサの姿勢角を推定することができるが，ドリフトと呼ばれるノイ

ズにより積分値がどんどんずれていく．そのため，加速度センサの出力を重力ベクトルとみなしたものと磁気センサ等の情報から得られた姿勢角を用いて補正することで基準座標系に対するセンサの姿勢角を推定する．これを各剛体リンクに相当する部位に取り付けることで，各リンクの姿勢角を推定することができる．この場合，一般には，基準座標系 Σ_b から見た第 i リンクの座標系 Σ_i とそのセンサの座標系 Σ_{s_i} とが一致しない．そのため，センサの姿勢角を表す回転行列 ${}^b\bm{R}_{s_i}$ から，関節間の回転行列 ${}^i\bm{R}_{i+1}$ を推定する必要がある．

3番目の代表的な方法は，複数台のカメラを用いてマーカの位置を計測する図 (c) のモーションキャプチャ（motion capture）と呼ばれる方法である．この方法は最も使われている計測方法であり，商用の製品を入手しやすく，使いやすい．欠点は，非接触なセンサのため，マーカとカメラの間の障害物などにより，計測不可能となることがある点である．この方法を用いて剛体の位置・姿勢を計測する場合，固定した座標系から見た各マーカの位置座標しか求まらないため，複数マーカ（3点以上）を同一剛体上に取り付け，そこから剛体の姿勢を判断する必要がある．図 **2.14** (a) のように，剛体に三つのマーカを同一線上に載らないように $Q_{ij}(j=1,2,3)$ に取り付ける（i はリンク番号，j はマーカ番号）．このとき，マーカ間の位置を表すベクトル $\bm{a}_1, \bm{a}_2$ を，つぎのように

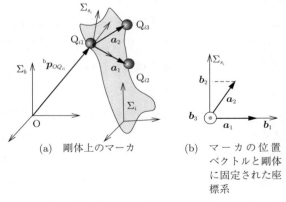

(a) 剛体上のマーカ　(b) マーカの位置ベクトルと剛体に固定された座標系

図 **2.14** マーカと観測座標系

定義する．

$$a_1 = {}^b p_{OQ_{i2}} - {}^b p_{OQ_{i1}} \tag{2.22}$$

$$a_2 = {}^b p_{OQ_{i3}} - {}^b p_{OQ_{i1}} \tag{2.23}$$

図 (b) に示すように，これらのベクトルは一般に直交していないため，座標系の軸として使えない．そのため，これらから三つの直交する単位ベクトル $b_i (i=1,2,3)$ をつぎのように求める．

$$b_1 = \frac{a_1}{\|a_1\|} \tag{2.24}$$

$$b_2 = \frac{a_2 - (a_2^T b_1) b_1}{\|a_2 - (a_2^T b_1) b_1\|} \tag{2.25}$$

$$b_3 = b_1 \times b_2 \tag{2.26}$$

ここで × はベクトルの外積を表す．よって，これらを式 (2.5) のように並べることで，センサの姿勢を表す回転行列 ${}^b R_{s_i}$ が以下のように得られる．

$${}^b R_{s_i} = \begin{bmatrix} b_1 & b_2 & b_3 \end{bmatrix} \tag{2.27}$$

図 (a) にあるように，この場合も Σ_i と Σ_{s_i} と一致しないため，剛体を表す姿勢 ${}^i R_{i-1}$ を推定する必要がある．

4 番目の代表的な方法は，磁気センサ等を用いる図 2.13 (d) の方法である．この方法は，観測したい剛体にセンサを一つ取り付ければセンサの位置・姿勢が直接計測できる．そのため，2 番目の方法と同様に，この方法でもセンサ座標系の姿勢を表す行列 ${}^b R_{s_i}$ を計測値から求めることができる．

一方，計測精度が発生した磁場の強さや精度に依存するので，計測可能な領域が狭く，計測環境に金属等があると計測精度が落ちるという欠点がある．

姿勢の情報に加えて，3, 4 番目の方法ではリンクの位置情報が取得できるため，関節間の位置ベクトル ${}^i p_{O_i Q_i}$ の推定を行うことができるが，紙面の都合上，ここでは取り扱わない．

2.2.2 関節角の推定法

2.2.1 項の 2.～ 4. の計測法を用いた場合，直接的関節角が得られない。そこで，得られる剛体の位置や姿勢から関節角を推定しなければならない。このためには，第 $(i-1)$ リンクと第 $(i-1)$ リンクの座標系の間の回転行列 $^{i-1}\boldsymbol{R}_i$ を知る必要がある。基準座標系 Σ_b から見た第 i リンク上のセンサ座標系を Σ_{s_i} とする。そのとき，第 $(i-1)$ リンクと第 i リンクに取り付けられたセンサから得られる情報は $^b\boldsymbol{R}_{s_{i-1}}, {}^b\boldsymbol{R}_{s_i}$ となる。これから，この二つの座標系の関係

$$^{s_{i-1}}\boldsymbol{R}_{s_i} = {}^b\boldsymbol{R}_{s_{i-1}}{}^T {}^b\boldsymbol{R}_{s_i} = {}^{s_{i-1}}\boldsymbol{R}_b {}^b\boldsymbol{R}_{s_i} \tag{2.28}$$

が求まる。$^{s_{i-1}}\boldsymbol{R}_i$ と $^{i-1}\boldsymbol{R}_i$ との関係は

$$^{s_{i-1}}\boldsymbol{R}_{s_i} = {}^{s_{i-1}}\boldsymbol{R}_{i-1} {}^{i-1}\boldsymbol{R}_i {}^i\boldsymbol{R}_{s_i} \tag{2.29}$$

となる。これより，第 i 関節の姿勢を表す回転行列 $^{i-1}\boldsymbol{R}_i$ は

$$^{i-1}\boldsymbol{R}_i = {}^{i-1}\boldsymbol{R}_{s_{i-1}} {}^{s_{i-1}}\boldsymbol{R}_{s_i} {}^{s_i}\boldsymbol{R}_i \tag{2.30}$$

によって求めることができる。ここで，Σ_i と Σ_{s_i} は同一の剛体上に肯定されているため，$^{i-1}\boldsymbol{R}_{s_{i-1}}, {}^i\boldsymbol{R}_{s_i}$ は一定であるが，これらの推定が必要となる。そのため，例えば，あらかじめ初期化のための姿勢とこれらセンサの理想状態の関係を決めておき，これらの値を初期化などが行われる。

図 **2.15** は屈伸運動を行っている人間とそのときの下肢の計測の計測データから推定した関節角を用いて構成した剛体モデルを並べて表示したものである。このように関節角を推定することでコンピュータ上に人間のモデルが構築できることが見て取れる。

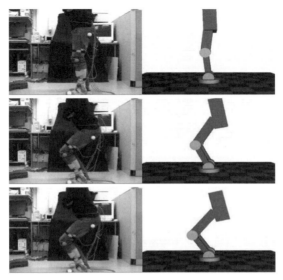

図 2.15　下肢の運動計測

章 末 問 題

【1】 空間で x 軸をまわりに $-\theta$ 回転させて得られる回転行列 $\boldsymbol{R}$ を求めよ。

【2】 ある剛体にマーカが三つ取り付けてある。基準座標系 Σ_b から見たこれらの座標がそれぞれ Q_1 (10, 15, 30), Q_2(11, 15, 31), Q_3(12, 15, 30) で与えられているとする。このとき，この剛体に取り付けられたセンサ座標系 Σ_s の姿勢を表す回転行列 ${}^b\boldsymbol{R}_s$ を求めよ。

【3】 ${}^b\boldsymbol{R}_{s_1}$ を $\theta = 30°$ の【1】の $\boldsymbol{R}$，${}^b\boldsymbol{R}_{s_2}$ を【2】の ${}^b\boldsymbol{R}_s$ とする。このとき，${}^1\boldsymbol{R}_2$ を求めよ。ただし，${}^i\boldsymbol{R}_{s_i}(i = 1, 2)$ は単位行列であるとする。また，${}^1\boldsymbol{R}_2$ がロール・ピッチ・ヨー角で表現されているとき，x, y, z 軸まわりの回転角 ψ, θ, ϕ も求めよ。

3

身体運動の力学的計測と解析

身体運動を力学的に解析する場合，まず関節角度や位置，そしてそこに関わる力や圧力を計測する必要がある。また計測データから身体運動を解析するためには身体の力学モデルも必要である。そこで本章では身体運動計測に使用するおもなセンサについて述べ，その解析方法として，身体の力学モデルとそのモデルを用いた解析方法の基礎について解説する。

3.1 力の計測方法

2章では身体運動の動作を計測する方法としてモーションキャプチャシステムなどについて紹介した。身体運動を力学的に計測，解析するためには動作だけではなく，そこに生じる力に関しても計測しなければならない。そこで本節では力の計測方法として，各種のセンサについてその概要を述べる。

3.1.1 ロードセル（力センサ）

ロードセル（load cell）は力やトルクを計測するためのセンサである。力計測にはばねばかりを使用する方法もあるが，時系列の力変化を計測機器に取り込む場合にはロードセルに代表される力センサによって力を計測機器が扱いやすい電気信号に変換する必要がある。ロードセルにはその用途からさまざまな種類のものがあるが，ここでは広く普及しているひずみゲージ式のロードセル（以下，ロードセルという）について解説する。ロードセルは金属などの材料が力やトルクを加えられるとその加えられた力やトルクの大きさや方向に応じて変

形することを利用したセンサである。その変形を**ひずみゲージ**（strain gauge）とブリッジ回路により電圧に変換することで力の変化を A–D 変換器を計測機器に取り込むことができる。

　図 **3.1** はひずみゲージの概要を示している。ひずみゲージには金属線が入っており，金属はその伸縮により電気抵抗値が変化する性質がある。ひずみゲージはこの性質を利用し，ひずみを抵抗値に変換することができる。ひずみゲージの抵抗変化とひずみの間には式 (3.1) のような直線関係が成り立つ。ここで R はひずみゲージの伸縮前の抵抗値であり，ΔR は伸縮によるひずみゲージの抵抗値の変化，K はゲージ率と呼ばれるひずみゲージによって決まる定数，ε はひずみである。

$$\frac{\Delta R}{R} = K\varepsilon \tag{3.1}$$

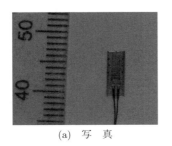 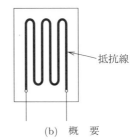

(a) 写　真　　　　　　　　　　(b) 概　要

図 **3.1**　ひずみゲージの概要

　図 **3.2** のようにある材料に力を加えて圧縮させた場合，元の材料の長さを x，圧縮された長さを Δx とすると，**ひずみ**（strain）は式 (3.2) のように圧縮された長さを元の長さで割った値として定義される。

$$\varepsilon = \frac{\Delta x}{x} \tag{3.2}$$

　ロードセルはこのひずみゲージを材料に貼り付けて製作する。ここでは簡単な例として図のような圧縮力を検知する円柱型のロードセルの原理を解説する。

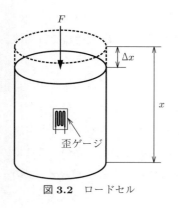

図 **3.2** ロードセル

図のように底面の半径 R の円柱に F の力が加われば、円柱は収縮し、それに伴って円柱に貼り付けたひずみゲージも収縮する。ひずみゲージのひずみを ε とすると式 (3.3) が成り立つ。E は**ヤング率**（Young's modulus）と呼ばれ、材料の弾性範囲におけるひずみと応力の比例定数であり、材料によって異なる。

$$\varepsilon = \frac{\sigma}{E} \tag{3.3}$$

ここで、σ は

$$\sigma = \frac{F}{\pi R^2} \tag{3.4}$$

であり、式 (3.4)、(3.5) より、ひずみ ε と力 F の関係は式 (3.5) で表すことができる。

$$\varepsilon = \frac{F}{\pi R^2 E} \tag{3.5}$$

同様に引張り力を検出することもできる。ここで詳細は述べないが、力やトルクとひずみの関係を考慮しひずみゲージの種類や貼り付け方、材料の形状を工夫することにより、圧縮力だけではなくさまざまな方向の力やトルクを計測することのできるロードセルを製作することが可能である。また複数のひずみゲージを貼り付ければ、一つのロードセルでさまざまな方向の力やトルクを計測することのできるロードセルも製作することもできる。

3.1.2 床反力計

床反力計（フォースプレート、force plate）とは人間が歩行や走行などを行うときに床面にかかる力やその方向、位置を知ることができる計測機器である。一般的に床反力計は図 **3.3** のように金属板とロードセルからなり、ロードセルに囲まれた部分にかかる力を計測する。図はロードセルを四つ用いているため、

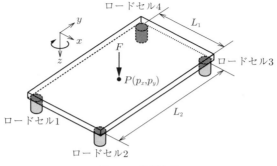

図 **3.3** 床反力計

計測可能領域はロードセルに囲まれた四角形となる．一方，ロードセルを三つ用いた場合は，計測可能領域の形は三角形になる．

図に示す四つのロードセルを用いた場合，各ロードセルに加わった力の x，y，z 方向の分力 F_{xi}，F_{yi}，F_{zi} から，床反力計にかかる力の分力 F_x，F_y，F_z は

$$F_x = \sum_{i=1}^{4} F_{xi} \tag{3.6}$$

$$F_y = \sum_{i=1}^{4} F_{yi} \tag{3.7}$$

$$F_z = \sum_{i=1}^{4} F_{zi} \tag{3.8}$$

と表すことができる．ここで力 F の最初の添え字は力の方向，2 番目の添え字はロードセルの番号を示す．各ロードセルの出力から力の作用点も算出することができる．図のような床反力計のロードセル 1 を原点とする力の作用点 $\mathrm{P}(p_x, p_y)$ は，ロードセルの検出点が床反力計の上面と一致しているとすると

$$p_x = \frac{L_1(F_{z2} + F_{z3})}{F_z} \tag{3.9}$$

$$p_y = \frac{L_2(F_{z3} + F_{z4})}{F_z} \tag{3.10}$$

である．さらに z 軸まわりの力のモーメント（トルク）M も算出することが

でき

$$M = \{(L_2 - p_y)(F_{x3} + F_{x4}) - p_y(F_{x1} + F_{x2})\} \\ - \{(L_1 - p_x)(F_{y2} + F_{y3}) - p_x(F_{y1} + F_{y4})\} \qquad (3.11)$$

である.

　前述のとおり，床反力計は身体運動，特に歩行や走行動作の解析によく使われる．一方，計測する力の方向を鉛直方向に絞り，力の大きさとその力のかかる位置を計測対象としたものは**重心動揺計**（stabilometer）と呼ばれる．重心動揺計のおもな用途は，その名前が示すとおり体重心位置の測定である．人間は静止立位の状態でもその体重心は動揺している．この重心動揺計の上に被験者を立たせた場合，被験者が静止していれば得られる力の位置とは体重心位置を床面（重心動揺計）に投影した値が得られる．このように体重心の動揺の大きさを評価することでバランス能力の評価などに用いられる．

3.1.3　筋　　電　　図

　筋電位により筋の活動状態を見る方法として，**筋電図**（electromyogram, EMG）がある．筋電位は筋が収縮するときに観測される電気信号である．厳密には筋電位は筋が収縮した結果として発生するわけではなく，筋を収縮させるために発生する．この筋電位は筋の活動状態を反映しているため，筋が発揮している力（筋力）を推定するためにも用いられる．筋電図は電極を通して筋電位を計測する方法であるが，使用する電極の種類によって，針筋電図と表面筋電図に分類される．

　針筋電図（needle electromyogram）は筋に直接針電極を刺し，筋電位を記録する．この方法は侵襲的ではあるが，高い空間分解能を持って計測できるため，臨床で多く用いられている．一方，**表面筋電図**（surface electromyogram）は皮膚表面に電極を張り付け筋電位を記録する．表面筋電図は侵襲性が低く人間工学，スポーツ，リハビリテーションなどの分野で多く使われている．先に述べた筋力の推定には，この表面筋電図が多く使われている．以降，針筋電図

については成書に譲り，表面筋電図を用いた筋力の推定方法について説明する。

（1） 筋電図の計測方法

表面筋電図は前述のとおり，電極を対象とする筋に近い皮膚表面に貼り付け，その電位の計測を行う。ただし，表面筋電図で計測される筋電位は振幅が $10\,\mu\text{V}$ ～ $10\,\text{mV}$ 程度であるので，実際に A–D 変換器を用いてコンピュータなどに取り込む場合，その電位を増幅するアンプが必要である。また，表面筋電図の主要な周波数成分は 5 ～ $500\,\text{Hz}$ であるのでアンプの選定の際には，この点も注意が必要である。筋電図を計測する専用の機器もあるが，A–D 変換器を用いて筋電図を計測するシステムの一例を図 **3.4** に示す。

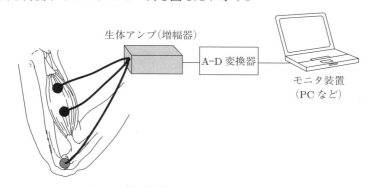

図 **3.4** 筋電図計測のための機器構成の一例

ここで必要な電極の個数であるが，図に示されるように三つの電極を用いることが一般的である。基本的に筋電図は双極の電極構成で計測を行うため，目的の筋に貼り付ける電極が二つ，そして，グラウンド（アース）電極が最低一つ必要である。グラウンド電極は一般に肘部や膝蓋骨上など皮膚の直下に筋がない部位に貼り付ける。

（2） 発揮筋力の推定

さて，このように計測された図 **3.5** のような筋電図から発揮された筋力を推定するためには，筋電図の振幅を用いる。この筋電図の振幅は発揮筋力に関係することが知られており，この関係を用いることで筋力の推定が可能である。ただし，筋電図は正弦波のような単純な波形でないため，単純にピーク値を検

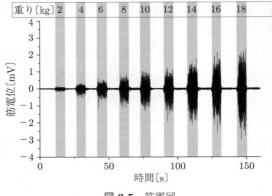

図 3.5 筋電図

出して振幅を評価し筋力を推定することは難しい。この振幅の評価方法にはさまざまなものがあるが，ここでは代表的な二乗平均平方根と積分筋電図について解説する。

（ a ） **二乗平均平方根**　　二乗平均平方根(root mean square, RMS)は，一定時間の筋電位信号を二乗して，範囲内の平均を求めた後，平方をとった量である。ある時間 t の筋電位 $e(t)$ の $RMS(t)$ は以下の式として表わすことができる。

$$RMS(t) = \sqrt{\frac{1}{2T} \int_{-T}^{T} e^2(t+\tau) d\tau} \tag{3.12}$$

上記は，一定時間として t を中心に $t-T$ から $t+T$ までの時間の RMS を表している。また直接アナログ信号から RMS を計算することは少なく，実際には A–D 変換器などを通じて計測機器に取り込んでから，離散量であるデジタル信号の RMS を計算することが多い。離散量の RMS は以下の式として表すことができる。

$$RMS(t) = \sqrt{\frac{1}{2N} \sum_{i=-N}^{N} e^2(t+i)} \tag{3.13}$$

（ b ）　**積分筋電図**　　積分筋電図 (integrated electromyogram, iEMG) とは文字通り筋電図を一定の時間区間積分したものである。ただし，筋電図の基線（平均）は 0 であるため，そのまま積分をしても 0 になる。そこでいったん

整流化した後，積分値を求める。

積分筋電図導出過程を模式的に描いた例を図 **3.6** に示す。この積分筋電図の値はある区間の発揮した筋力に比例していることが知られており，RMS や積分筋電図を求めることにより，発揮された筋力を時系列に推定することができる。

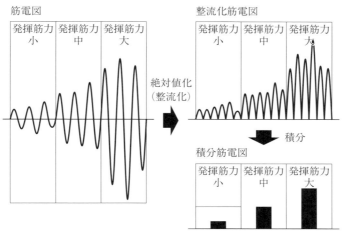

図 **3.6** 積分筋電図の概要

前述のとおり，筋電図の振幅は筋出力と関係しており，特に RMS や積分筋電図は発揮筋力と比例関係にある。実際に図 3.5 の負荷をかけた区間（図の灰色の部分）ごとに積分筋電図を求めると負荷との関係は図 **3.7** のようになり，

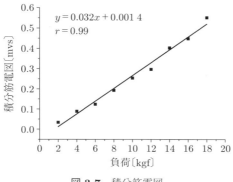

図 **3.7** 積分筋電図

積分筋電図から負荷を十分に推定できることがわかる。実際の筋力の推定では，まず図のように既知の負荷をかけたときの筋電図と負荷の関係を計測しておき，その関係から目的の動作時の筋力を推定する。

3.1.4 加速度センサ

運動を物理的に計測，解析を行う場合，加速度は重要な物理量といえる。**加速度センサ**（accelerometer）は文字通りこの加速度を計測することのできるセンサである。実際のヒトの運動解析の際にも加速度を測定，もしくは算出し使用している。動力学的な計測/解析では，一般的に運動をモーションキャプチャ装置などの運動計測機器で得られるマーカの位置座標のデータの二階微分により，加速度を得ることが多いが，ここでは加速度を直接計測することができる加速度センサについて解説する。

まず加速度センサの基本原理を図 **3.8** に示す簡単なモデルを使って説明する。このモデルでは加速度センサの内部にばね定数 k のばねを取り付けて，その先に質量 m の重りを取り付けている。このセンサに加速度 a が加われば，内部にある重りには加速度と逆方向の慣性力 F が加わる。この慣性力は

$$F = ma \tag{3.14}$$

で表される。一方，加速度センサ内部のばねが慣性力が加わることにより Δx だけ長さが変化したとするとフックの法則より

$$F = k\Delta x \tag{3.15}$$

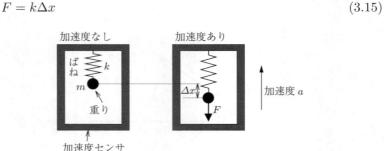

図 **3.8** 加速度センサの基本原理

と表すことができる．ここで式 (3.14)，(3.15) を整理すると

$$a = \frac{k\Delta x}{m} \tag{3.16}$$

となり，Δx がわかれば加速度 a が明らかになることがわかる．これが一般的な加速度センサの基本原理である．実際には図のような単純なコイルばねを使ったものでも可能であるが，複数の弾性要素を組み合わせることで 3 軸の加速度をそれぞれ計測するものも多い．また，Δx の計測方法として，ひずみゲージや圧電素子を用いたもの，静電容量を計測するものがある．

また，センサ内部の重りが重すぎれば共振周波数が低くなるが，近年では MEMS 技術の発展により加速度センサの小型化が進み高周波領域の加速度を測定できるセンサも実用化されている．

3.2 身体運動の力学

身体運動の解析，特に力学的な解析を行う場合，筋骨格系の仕組みを理解しておくことは重要である．本節では身体運動の理解に必要な筋骨格系の基礎と関節運動の力学の基礎について解説する．

3.2.1 骨　格　筋

骨格筋は両端が骨格に接続している筋であり，関節をまたぐように接続されている．その筋が収縮することで関節がどのように動作するかによって伸筋，屈筋に分類される．伸筋はその筋が収縮することで関節が伸びる方向に動作する筋である．一方，屈筋はその筋が収縮することで関節が曲がる方向に動作する筋である．筋は収縮するときにしか力を発生させることができないため，関節の曲げ伸ばしには伸筋，屈筋の両方が必要である．

3.2.2 身体運動の力学モデル

身体運動を力学的に解析する場合，身体の力学的なモデルを作成することが多い。一般的には，身体をリンク機構に見立て，各関節を回転中心が変化しないピンジョイントとしてモデルを作成する。このモデルは**剛体リンクモデル**（link segment model）と呼ばれ，このモデルと実際の計測データを合わせて種々の解析を行う。剛体リンクモデルの一例を図 **3.9** に示す。図では，頭部，体幹，上腕部，前腕部，手部，大腿部，下腿部，足部にセグメント分けして変形しない剛体とし，それらを繋ぐ関節として，頸部，肩関節，肘関節，手関節，股関節，膝関節，足関節を仮定している。実際には，人間の身体はこのモデルのような単純なものではなく，関節の数も多く，関節の回転中心も角度とともに変化する。また，姿勢や外力，筋収縮によって関節以外の部分も変形する。しかし，運動解析の場合は，少しでも現象を単純化するため，関節数やその回転中心，柔軟な要素は必要最低限にとどめ，力学的なモデルを構築する場合が多い。

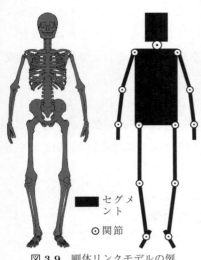

図 **3.9** 剛体リンクモデルの例

3.2.3 単関節運動の静力学

前述のとおり，おもに関節の運動は骨格筋が発揮する筋張力によってもたらされる。まず関節運動のモデルの基礎として静力学モデルについて説明する。静力学モデルは物体が静止していることを想定しているが，比較的遅い運動では慣性の影響が少ないため，運動の解析に十分な場合も多い。

まず関節運動のモデルの解説の前に簡単なモデルを用いて静止条件について考えてみよう。「静止する」ためには並進運動をしない条件と回転運動をしない条件を同時に満たす必要がある。前者は力の釣合いを，後者は力のモーメント

の釣合いを考える必要がある．ここで力のモーメントとは，トルクや回転モーメントとも呼ばれ物体を回転させようとする作用の大きさを示す．力のモーメントは（回転に関わる力成分）×（回転中心から力の作用点までの距離）で表すことができる．

まず図 **3.10** のように回転軸を一つだけ持つ単純なリンク機構に F_1, F_2, F_3 の三つの力が加わっている場合の力の釣合いを考えてみる．力が釣り合っている状態は x 軸方向，y 軸方向に分けて考えるとそれぞれ式 (3.17)，(3.18) によって表すことができる．

$$F_1 \cos\theta_1 + F_2 \cos\theta_2 - F_3 \cos\theta_3 = 0 \tag{3.17}$$

$$-F_1 \sin\theta_1 + F_2 \sin\theta_2 - F_3 \sin\theta_3 = 0 \tag{3.18}$$

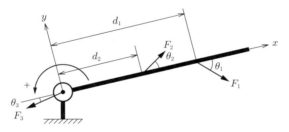

図 **3.10** 力と力のモーメントの釣合い

つぎに，力のモーメントの釣合いは式 (3.19) によって表すことができる．ただし，原点を中心に反時計回りの回転を正としている．

$$-d_1 F_1 \sin\theta_1 + d_2 F_2 \sin\theta_2 = 0 \tag{3.19}$$

このような物体の静止条件はベクトルを使って表現することもできる．図 3.10 のように剛体に 3 方向から力がかかっている状態を考えると力が釣り合っている状態をベクトルを用いて式 (3.20) によって表すこともできる．

$$\sum_i \boldsymbol{F}_i = 0 \tag{3.20}$$

また，力のモーメントの釣合いはベクトルを用いて式 (3.21) のように表すことができる。

$$\sum_i (\boldsymbol{F}_i \times \boldsymbol{d}_i) = 0 \tag{3.21}$$

では，ここまでの解説を基に骨格筋による関節運動の例として肘関節の屈筋である上腕二頭筋の筋力を推定してみよう．図 3.11 (a) は肘関節の屈曲に必要な上腕二頭筋の筋力と関節との関係を模式的に描いたものである．関節は厳密には単純なリンク機構ではないが，3.2.2 項で述べたように，ここでは簡単のため，図 (b) のようなリンク機構とし，質量 M の重りを持ち静止している場合を考える．ここで，F_1 を求めたい上腕二頭筋の筋力，F_2 を肘関節にかかる力，W を前腕の重さ，l_1, l_2, l_3 をそれぞれ肘関節から上腕二頭筋の橈骨（前腕の骨の一つ）への付着部までの距離，肘関節から前腕の重心までの距離，前腕の重心から重りまでの距離とし，肩関節は動かないものとする．

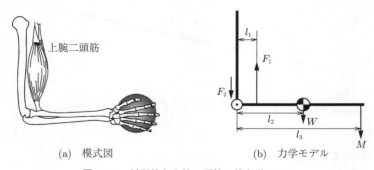

(a) 模式図　　　　　　(b) 力学モデル

図 3.11　肘関節と上腕二頭筋の静力学モデル

静止しているので，並進運動をしない条件（力の釣合い）と回転運動をしない条件（力のモーメントの釣合い）の両方を同時に満たす．並進運動をしない条件は上方向の力を正として式 (3.22) のように表すことができる．

$$F_1 - F_2 - W - M = 0 \tag{3.22}$$

回転運動をしない条件は式 (3.23) のように表すことができる。ただし，肘関節を回転軸として反時計回りを正としている。

$$F_1 l_1 - W l_2 - M l_3 = 0 \tag{3.23}$$

式 (3.23) より上腕二頭筋の筋力 F_1 は

$$F_1 = \frac{W l_2 + M l_3}{l_1} \tag{3.24}$$

となる。さらに，式 (3.24) を式 (3.22) に代入することにより肘関節にかかる力 F_2 を式 (3.25) のように求めることができる。

$$F_2 = \frac{W(l_2 - l_1) + M(l_3 - l_1)}{l_1} \tag{3.25}$$

F_2 のような関節間にかかる力は関節間力と呼ばれ，関節自体にかかる負荷を評価することができる。

ここで本節の冒頭で，「推定」という表現を用いたことに注意してほしい。関節の曲げ伸ばしを行うときには先に述べたように最低限伸筋と屈筋の 2 種類の筋が必要である。肘関節でいえば，上腕二頭筋は屈筋で，上腕三頭筋が伸筋である。またある動作に着目した場合，その動作におもに寄与する筋を主働筋，反対の動作を行う筋を拮抗筋と分類することもある。ここで，図 (a) の肘関節の動作を考えるとき，重りや前腕の重さを支えているのは，おもに上腕二頭筋であり，主導筋になる。逆に上腕三頭筋は拮抗筋になる。図 (a) では上腕三頭筋は考慮していないが，上腕三頭筋が筋力を発揮することも考えられる。このように主導筋，拮抗筋が同時に筋力を発揮することは珍しいことではなく，運動中には頻繁にみられる。図 (a) のようにおもりを持ったまま静止している場合でも，拮抗筋が作用することを考慮すれば，上腕二頭筋の筋力 F_1 や肘関節の関節間力 F_2 は式 (3.24)，(3.25) で求めた力よりも大きくなる。こういったモデルを使って筋力や関節間力の推定を行う場合，一定の注意が必要である。

3.2.4 単関節運動の動力学

これまでは静止している場合について述べたが，運動中は慣性項を含む運動方程式を立てる必要がある．ここでは 3.2.3 項と同様に 2 次元の肘関節の運動を例に解説する．まず図 **3.12** に示すような前腕が肘関節を中心に回転している場合を考える．ここで，(x,y) を前腕の重心の座標，F_x，F_y を肘関節にかかる力の x 成分と y 成分，l を肘関節の回転中心から前腕の重心までの距離，W を前腕の質量，g を重力加速度，T を筋張力による力のモーメント（関節モーメント），I を前腕の重心回りの慣性モーメントとし，肩関節は動かないものとする．このとき以下の式が成り立つ．

$$W\ddot{x} = -F_x \tag{3.26}$$

$$W\ddot{y} = -F_y - Wg \tag{3.27}$$

$$I\ddot{\theta} = -Wgl\cos\theta + T \tag{3.28}$$

ここで，x，y は θ を用いて

$$x = l\cos\theta \tag{3.29}$$

$$y = l\sin\theta \tag{3.30}$$

と表すことができる．さらに式 (3.29)，(3.30) を微分すると

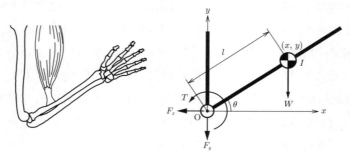

図 **3.12** 肘関節と上腕二頭筋の動力学モデル

$$\dot{x} = -l\dot{\theta}\sin\theta \tag{3.31}$$

$$\dot{y} = l\dot{\theta}\cos\theta \tag{3.32}$$

となり，さらに微分すると

コーヒーブレイク

打撃の中心

並進，回転運動に関する力学モデルや運動方程式は人間単体での運動解析以外でも人間が使う道具の振る舞いを知る上でも重要である．一例として図1のように野球のバットとボールが衝突した瞬間を考えてみよう．

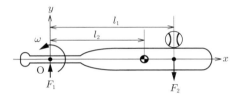

図1 打撃の中心

このときの回転，並進運動方程式はそれぞれ

$$I\dot{\omega} = l_2 F_2 \tag{1}$$

$$M\ddot{y} = F_1 - F_2 \tag{2}$$

となる．ここで，ω は角速度としている．実際にバットとボールが当たっている時間を考慮して，上記の運動方程式を積分する．F_1, F_2 の積分値（力積）を J_1, J_2 とし，$\dot{y} = h\omega$ を考慮して整理すると

$$J_1 = \omega(Ml_2 - \frac{I}{l_1}) \tag{3}$$

となり

$$l_1 = \frac{I}{Ml_2} \tag{4}$$

のとき，手に加わる衝撃 J_1 は0となる．このように手に加わる衝撃 J_1 が0になるような l_1 が示す点を打撃の中心という．

$$\ddot{x} = -l(\dot{\theta})^2 \cos\theta - l\ddot{\theta}\sin\theta \tag{3.33}$$

$$\ddot{y} = -l(\dot{\theta})^2 \sin\theta + l\ddot{\theta}\cos\theta \tag{3.34}$$

を得る．ここで，式 (3.33)，(3.34) を式 (3.26)，(3.27) に代入すると

$$F_x = Wl\{(\dot{\theta})^2 \cos\theta + \ddot{\theta}\sin\theta\} \tag{3.35}$$

$$F_y = Wl\{(\dot{\theta})^2 \sin\theta + \ddot{\theta}\cos\theta\} - Wg \tag{3.36}$$

となる．

また，式 (3.28) を T について解くと

$$T = I\ddot{\theta} + Wgl\cos\theta \tag{3.37}$$

となる．この関節モーメント T は筋張力によって発生しているため，式 (3.37) で表す T と筋の付着位置（例えば図 3.11 (b) の l_1）が解剖学的なデータからわかれば運動中の筋張力を求めるができる．

3.2.5 多関節運動の動力学

実際の運動にはさまざまな関節が関わっていることが多い．3.2.4 項では単関節の運動を扱ったが，ここでは運動に参加する関節が増えた場合について考える．以下では，運動に参加する関節が 2 関節以上の例として，外力がない場合とある場合の二つの例について，それぞれ考えてみることにする．

（1）2 関節外力なしの場合

図 3.13 (a) のような肩関節，肘関節からなる 2 関節の力学モデルを考える．2 関節以上の場合は各セグメントごとに分けて考えるとわかりやすい．図では，肩関節から肘関節までを上腕部，肘関節から先を前腕部として考える．上腕部，前腕部は，それぞれ剛体として扱い，各関節はピンジョイントとしている．このモデルを模式的に表したものが図 (b) である．また，この図 (b) を上腕部，前腕部のそれぞれのセグメントに分けてたときの力学モデルが，図 (c)，(d) である．ここで肘関節にかかる力と関節モーメントに注目してほしい．肘関節にか

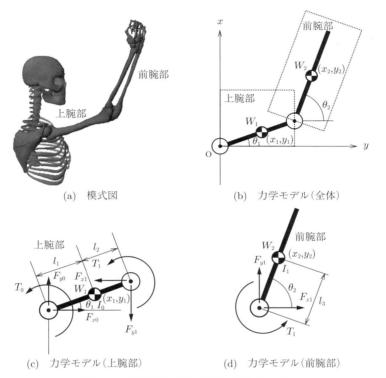

図 **3.13** 肘関節と上腕二頭筋の動力学モデル

かる力は F_{x1}, F_{y1}, 関節モーメントは T_1 であるが，図 (c), (d) では，それぞれ方向が逆になっている．これは作用反作用の法則を考えると理解できる．つまり，各セグメントはたがいに逆向きの力を与え合っていると考えることができる．関節モーメントについても同様なことがいえる．図 (c) を見ながら上腕部モデルの並進，回転の運動方程式を導出すると，つぎのようになる．

$$W_1 \ddot{x}_1 = F_{x0} - F_{x1} \tag{3.38}$$

$$W_1 \ddot{y}_1 = F_{y0} - F_{y1} - W_1 \tag{3.39}$$

$$I_0 \ddot{\theta}_1 = -F_{x0} l_1 \sin\theta_1 + F_{y0} l_1 \cos\theta_1 + F_{x1} l_2 \sin\theta_1 - F_{y1} l_2 \cos\theta_1$$
$$+ T_0 + T_1 \tag{3.40}$$

ここで肩関節を中心に筋力によって上腕部が受ける関節モーメントを T_0，上腕部の重心回りの慣性モーメントを I_0，上腕部のセグメントが肩関節から受ける力を F_{x0}，F_{y0}，肘関節から受ける力を F_{x1}，F_{y1}，上腕部のセグメントの質量を W_1，重心位置座標を (x_1, y_1)，肩関節から重心までの距離を l_1，肘関節から重心までの距離を l_2，重力加速度を g とする．

つぎに図 (d) の上腕の回転，並進運動に関する運動方程式は以下のとおりである．

$$W_2 \ddot{x}_2 = F_{x1} \tag{3.41}$$

$$W_2 \ddot{y}_2 = F_{y1} - W_2 \tag{3.42}$$

$$I_1 \ddot{\theta}_2 = -F_{x1} l_3 \sin \theta_2 - F_{y1} l_3 \cos \theta_2 + T_1 \tag{3.43}$$

このように二つ以上の関節が運動に参加する場合，セグメントごとに考えることで動力学的な解析に必要な運動の数式モデルの記述ができる．

(2) 3 関節外力ありの場合

これまでは，身体の運動に対して外界の影響を考えなくてもよい条件における運動モデルを構築してきた．ただし，実際の身体運動を考えると道具や地面などと身体の間の力学的な関係を考える必要がある場合が多い．例えば，歩行動作や走動作の場合，身体は床面に力を加え，逆に身体は床面からその反力を受けていると考えることができる．そのほかでも身体に対して外力を受けるような場面は数多く考えられる．ここでは，その一例として**図 3.14** のような自転車エルゴメータを使った下肢の運動を考えてみよう．

基本的な考え方は (1) と同じであるが，図 (c) の F_{x0}，F_{y0} に示すとおり，ペダルからの足部が受ける力を考える必要がある．この力についてはペダルにロードセルなどの力センサを組み込み直接計測するか，負荷やペダルの位置などから推定する必要がある．まず図 (c) より足部の並進運動，回転運動の運動方程式は以下のようになる．

$$M_0 \ddot{x}_0 = F_{x0} - F_{x1} \tag{3.44}$$

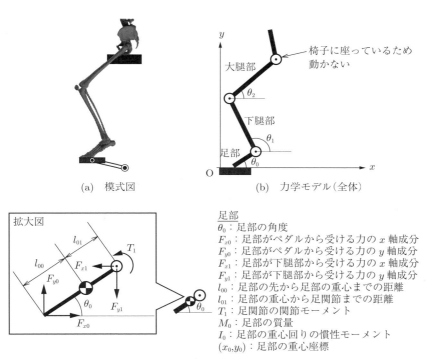
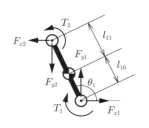

(a) 模式図   (b) 力学モデル（全体）

(c) 力学モデル（足部）

足部
θ_0：足部の角度
F_{x0}：足部がペダルから受ける力の x 軸成分
F_{y0}：足部がペダルから受ける力の y 軸成分
F_{x1}：足部が下腿部から受ける力の x 軸成分
F_{y1}：足部が下腿部から受ける力の y 軸成分
l_{00}：足部の先から足部の重心までの距離
l_{01}：足部の重心から足関節までの距離
T_1：足関節の関節モーメント
M_0：足部の質量
I_0：足部の重心回りの慣性モーメント
(x_0, y_0)：足部の重心座標

(d) 力学モデル（下腿部）

下腿部
θ_1：下腿部の角度
F_{x1}：下腿部が足部から受ける力の x 軸成分
F_{y1}：下腿部が足部から受ける力の y 軸成分
F_{x2}：下腿部が大腿部から受ける力の x 軸成分
F_{y2}：下腿部が大腿部から受ける力の y 軸成分
l_{10}：足関節から下腿部の重心までの距離
l_{11}：下腿部の重心から膝関節までの距離
T_2：膝関節の関節モーメント
M_1：下腿部の質量
I_1：下腿部の重心回りの慣性モーメント
(x_1, y_1)：下腿部の重心座標

図 **3.14** エルゴメータの動力学モデル

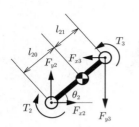

大腿部
θ_2：大腿部の角度
F_{x2}：大腿部が下腿部から受ける力の x 軸成分
F_{y2}：大腿部が下腿部から受ける力の y 軸成分
F_{x3}：大腿部が体幹部から受ける力の x 軸成分
F_{y3}：大腿部が体幹部から受ける力の y 軸成分
l_{20}：膝関節から大腿部の重心までの距離
l_{21}：大腿部の重心から股関節までの距離
T_3：大腿部の関節モーメント
M_2：大腿部の質量
I_2：大腿部の重心回りの慣性モーメント
(x_2, y_2)：大腿部の重心座標

(e) 力学モデル（大腿部）

図 **3.14** （つづき）

$$M_0 \ddot{y}_0 = F_{y0} - F_{y1} - M_0 g \tag{3.45}$$

$$I_0 \ddot{\theta}_0 = F_{x0} l_{00} \sin\theta_0 - F_{y0} l_{00} \cos\theta_0 + F_{x1} l_{01} \sin\theta_0$$
$$- F_{y1} l_{01} \cos\theta_0 + T_1 \tag{3.46}$$

つぎに図 (d) より下腿部の並進運動，回転運動の運動方程式は以下のようになる．

$$M_1 \ddot{x}_1 = F_{x1} - F_{x2} \tag{3.47}$$

$$M_1 \ddot{y}_1 = F_{y1} - F_{y2} - M_1 g \tag{3.48}$$

$$I_1 \ddot{\theta}_1 = F_{x1} l_{10} \sin\theta_1 - F_{y1} l_{10} \cos\theta_1 + F_{x2} l_{11} \sin\theta_1 - F_{y2} l_{11} \cos\theta_1$$
$$- T_1 + T_2 \tag{3.49}$$

最後に図 (e) より大腿部の並進運動，回転運動の運動方程式は以下のようになる．

$$M_2 \ddot{x}_2 = F_{x2} - F_{x3} \tag{3.50}$$

$$M_2 \ddot{y}_2 = F_{y2} - F_{y3} - M_2 g \tag{3.51}$$

$$I_2 \ddot{\theta}_2 = F_{x2} l_{20} \sin\theta_2 - F_{y2} l_{20} \cos\theta_2 + F_{x3} l_{21} \sin\theta_2 - F_{y3} l_{21} \cos\theta_2$$
$$- T_2 + T_3 \tag{3.52}$$

3.3 身体運動の解析方法

ここでは前節で紹介したような動力学モデルを用いて身体運動をどのように解析していくのかを解説する。実際の解析にはモーションキャプチャシステムなどの運動計測装置と必要に応じて床反力計などの力センサを用いることが多い。解析の大まかな流れを図 **3.15** に示す。

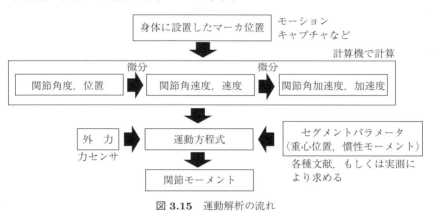

図 **3.15** 運動解析の流れ

まずモーションキャプチャシステムなどで得られるマーカの位置関係から関節の角度や各リンクの重心位置を算出する。つぎにそれらのデータから運動方程式に必要な各セグメントの加速度や角加速度，重心位置の加速度を算出する。これらのデータは関節角度や重心位置を時間微分すると速度，角速度が求まるので，さらに時間微分することで求めることができる。運動に外力が関係している場合は外力も計測し，運動方程式に代入する。

ここでは一例として，図 3.14 の足部の関節トルクの算出方法について考えてみる。足関節トルクは式 (3.46) より

$$T_1 = I_0 \ddot{\theta}_0 - F_{x0} l_{00} \sin\theta_0 + F_{y0} l_{00} \cos\theta_0 - F_{x1} l_{01} \sin\theta_0 \\ + F_{y1} l_{01} \cos\theta_0 \tag{3.53}$$

と表すことができる。足関節の関節トルク T_1 を算出するためには，右辺のすべての変数が明らかにする必要がある。まず，θ_0, $\ddot{\theta}_0$ については，カメラやモーションキャプチャシステムなどの運動計測装置を用いて計測することができる。つぎに，F_{x0}, F_{y0} については，ペダルに力センサを設置することができれば計測することができる。特に歩行解析の場合は床反力計上を対象者に歩かせることが多い。F_{x1}, F_{y1} は関節にかかる力なのでセンサなどで直接計測することは難しいが，式 (3.44)，(3.45) をそれぞれ F_{x1}, F_{y1} について解くと

$$F_{x1} = F_{x0} - M_0 \ddot{x}_0 \tag{3.54}$$

$$F_{y1} = F_{y0} - M_0 \ddot{y}_0 - M_0 g \tag{3.55}$$

となり，センサなどで計測可能な F_{x0}, F_{y0} を除いて M_0, $\ddot{x}_0$, $\ddot{y}_0$ がわかれば算出することができることがわかる。$\ddot{x}_0$, $\ddot{y}_0$ については，運動計測装置で計測することができる x_0, y_0 のデータの二階微分から算出することができる。

つぎに，各セグメントの質量，重心位置，慣性モーメント（ここでは M_0, I_0, l_{00}, l_{01}）については，運動計測の結果から算出することは難しいため，あらかじめ取得しておく必要がある。これらのパラメータの取得については，屍体から実測で求めたものや身体の形状から算出したものなど[18),19)]がある。必要に

─ コーヒーブレイク ─

ロボットと人の違い

　産業用ロボットアームと人の腕の違いを考えてみよう。広く製造業で利用されている産業用ロボットでは，アクチュエータとして電動モータが利用される。多くは高速回転（1分間に 6 000 回転など）であるが，発生トルクは小さい。そこで，ギヤで速度を下げて，トルクを高める。このためにギヤの摩擦が大きくなり，ロボットの関節は固くなってしまう。この点は柔らかい人間の関節と大きく異なる。さらに，電動モータは正転，逆転が可能であるので，1 関節に 1 個のモータが配置される。筋肉では張力のみ発生可能であるので，1 関節に少なくとも 2 個の筋肉が必要となる。通常はもっと多くの筋肉が 1 関節を動かしている。この点も産業用ロボットと人の大きな違いである。

応じて過去の文献のデータを利用することができる。ただし，一般的なデータであるため，平均的な身体形状をしていないと考えられる場合には，これらのデータを用いた場合に大きな誤差の原因になる場合がある。そういった場合にはMR画像から身体のパラメータを算出する方法や3Dスキャナで体型のデジタルデータを取得し，そのデータから重心位置や慣性モーメントを算出する方法もある。

章 末 問 題

【1】 図 3.16 に三つのロードセルを用いた重心動揺計の模式図を示す。各ロードセルの座標が (x_1, y_1)，(x_2, y_2)，(x_3, y_3)，検出された力の鉛直成分が F_1，F_2，F_3 のとき，力の作用点の座標を求めよ。

【2】 図 3.11 において，W が 2 kg，l_1，l_2，l_3 をそれぞれ 4，12，28 cm，重り M を 20 kg とするとき，上腕二頭筋の筋力はどれくらいになるのか計算しなさい。

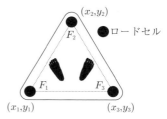

図 3.16 重心動揺計

【3】 上肢の運動を解析するためにモーションキャプチャシステムによる運動計測と筋電図計測を同時に行った場合を考える。このとき，筋電図によって推定した筋力 F_e と図 3.13 のような力学モデルを用いて推定した関節モーメントを発揮するために最低限必要な筋力 F_k を比較すると，$F_e \geq F_k$ となることが予想できる。この理由を述べよ。

4
筋骨格モデルを用いた動作解析法

　身体運動は，脳から筋へと指令が下されることによって生成される。筋が発揮した力は腱を介して骨へと伝達され，骨が動くことによって身体運動が外部へと表出する（図 4.1）。これら一連の身体運動生成の過程が，力学的な視点から調べられるようになって1世紀が経つ[†]。その間，さまざまな解析手法が開発され，多くの知見が明らかにされてきた。本章では，これまでに開発された手法の中でも，より深く身体の内部状態を分析可能な「**筋骨格モデル**（musculoskeletal model）を用いた動作解析法」について解説する。本手法の特長は，動作中に筋が発揮している力（**筋張力**（muscle force））を非侵襲的に分析可能な点である。本章では，技術的な面はもちろん，手法の歴史的な背景や実際の解析例なども取り上げ，手法の全体像を理解できるように努めた。

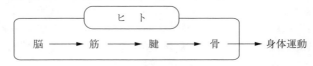

図 4.1　身体運動生成の模式図

　筋骨格モデルを用いた動作解析には大きく分けて二通りの手法がある。一つは逆動力学を用いて動作から筋張力を求めるものであり，もう一つは順動力学を用いて筋張力から動作を生成（シミュレーション）するものである。本質的には運動方程式を逆動力学的に解くか，順動力学的に解くかといった解法の違いだけであるが，実際の解析手続きは大きく異なり，それぞれの特徴を理解して使い分ける必要がある。そこで，4.1 節および 4.2 節において，個別に解説する。

[†]　ヒトを力学的な視点から研究することをバイオメカニクス研究と呼ぶ。

4.1 逆動力学を用いた筋張力の推定法

これまでに開発された解析手法の中でも，現在，最も広く利用されている手法が，逆動力学計算を利用して各関節における関節モーメントや関節パワーなどの力学変量を求めるものである。この手法では，身体を力学計算に適した形態にモデル化（剛体リンクモデル，図 4.2）して，実際の動作に逆動力学計算を適用する点に特徴がある。モデル化の方法次第でさまざまな応用が可能な優れた手法である。また，手法の取り扱いの容易さや安全性においても優れている。

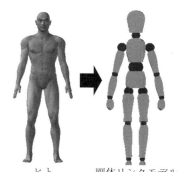

ヒト　　　剛体リンクモデル
図 4.2　剛体リンクモデルへのモデル化

この手法が用いられるようになって 50 年以上が経ち，測定機材などの周辺環境が時代とともに大きく変化する中においても，その基本的なアルゴリズムは現在でも同じである。これまでに，使用方法（ノウハウ），精度，限界など重要な点について多くの検証がなされてきた。すでに完成された手法といえる。この手法が開発されたことによって，さまざまな運動のメカニズムが発見されてきた。

一方，この手法で明らかになる力は，身体内部で発生している力（筋の発揮張力，骨間の接触力，靭帯の張力など）の関節における合力であり，各組織個別の力の状態を求めたい場合には適さない。現実には，関節における合力よりも各組織個別の力の状態を知りたいことが多い。このような背景から，Seireg と Arvikar[20]は剛体リンクモデルに筋モデルを加えた筋骨格モデルを構築し，関節モーメントから各筋の発揮張力を推定する手法を提案した。Seireg と Arvikar の手法は，その後，複数の研究者によって検証および改良され，現在に至る。逆動力学と筋骨格モデルを用いたこの手法は侵襲的な手法を用いずに身体内部の

力を求める点に特長があり、利便性や安全性の点で手法の大きな長所となっている。

現在、専用のソフトウェアが複数存在し、専門的な知識がなくとも解析を実施可能である。ただし、得られた結果の取り扱いに関して関節モーメント以上に難しい点があり、専用のソフトウェアを使用する場合であっても手法の理解は欠かせない。本節では、使用上の注意点も含め、逆動力学を用いた筋張力の推定法について解説する。

4.1.1 解析の流れ

図 4.3 に解析の流れを示した。筋張力推定の過程は大きく二つに分けられる。一つは関節モーメントを算出するまでの過程である。もう一つは筋モデルと**数値最適化計算**(numerical optimization)を用いて関節モーメントから筋張力を求める過程である。前者の過程は、剛体リンクモデルを用いた逆動力学計算の過程と同一であり、これまでに身体運動分野のみならずロボット工学の分野でも多くの解説がなされてきた。そのため、本節では筋骨格モデルに特有の後者について解説し、前者の解説は割愛する。

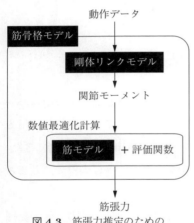

図 4.3 筋張力推定のための解析の流れ

4.1.2 剛体リンクモデルと筋骨格モデル

関節を一つの機能単位として捉えて、関節で発揮される力やパワーなどを求める際に用いられるモデルが剛体リンクモデルである。剛体リンクモデルの関節周りに筋モデルを組み込んだモデルが筋骨格モデル（図 4.4）である。筋骨格モデルは剛体リンクモデルよりも筋モデルと数値最適化計算の分だけ複雑となるため、手法の取り扱いが難しくなる。

4.1 逆動力学を用いた筋張力の推定法

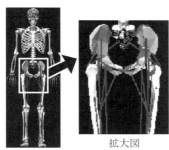

筋骨格モデル　　拡大図

図 4.4 筋骨格モデルの例

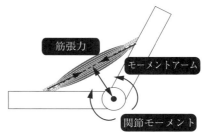

関節モーメントJM
＝筋張力MF× モーメントアームMA

図 4.5 関節モーメントと筋張力の関係

筋骨格モデルの各種パラメータの値や外観は作成者（研究者やソフト開発者）ごとに異なる．しかし，その基本的枠組は同じであり，核となるのは関節モーメント JM と筋張力 MF の関係式である．各筋によって発揮される関節モーメントは，筋張力と関節に対する筋の相対位置（モーメントアーム）MA によって決まる（**図 4.5**）．

例えば，体表近くに位置する筋は関節中心から遠いため，小さな力発揮であっても大きな関節モーメントとなる．逆に，肩関節のインナーマッスルなど深部に位置する筋は関節中心から近いため，大きな力発揮を行っても関節モーメントは小さくなる．図は一つの筋についてのみ示したものであるが，実際には複数の筋が存在するため，筋骨格モデルではそれらを統合したものとなる（式 (4.1)）．

$$\begin{cases} (JM_{neck}) = \sum (MF_i \cdot MA_i) \\ (JM_{shoulder}) = \sum (MF_i \cdot MA_i) \\ \quad \vdots \\ (JM_{knee}) = \sum (MF_i \cdot MA_i) \\ (JM_{ankle}) = \sum (MF_i \cdot MA_i) \end{cases} \quad (4.1)$$

このような関係式を組み立てることが，すなわち筋骨格モデルを構築することとなる．式 (4.1) では，筋は単純な力発生器として組み込まれている．実際には，筋は長さや収縮速度によって，力の発揮能力が変化する特性をもち，脳からまったく同じ命令が筋に届いたとしても（**筋の興奮水準**（activation もし

くは excitation）がまったく同じであっても），動作の状況によって発揮張力は異なる（**図 4.6**）。これら筋の力と長さの関係や力と速さの関係といった生理学的な特性をモデルに組み込むこともある。その場合，モデルの式は式 (4.1) の MF_i の箇所を，脳から筋への命令（筋の興奮水準）A，筋長 L，収縮速度 V で筋力が決まる関数（式 (4.2)）へ変更する。

$$Fm_i(A_i, L_i, V_i) \tag{4.2}$$

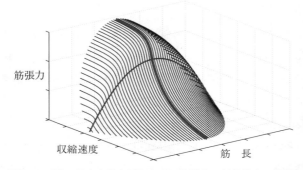

図 4.6 筋の興奮水準が同じときの筋張力，収縮速度，筋長の関係例

4.1.3 筋骨格モデルのパラメータ

筋骨格モデルの基本構成は作成者ごとに類似しているが，モデルの構成要素（筋や骨格など）のパラメータは異なる。このパラメータの差異は筋張力の推定結果に影響するため，パラメータの決定は慎重に行う必要がある。**図 4.7** にパラメータに異なる値を設定した時の結果の違いを示した。具体的には，大殿筋（股関節の伸展筋）の力発揮能力に関するパラメータを変化させて結果の違いを示した。このように，動作や関節モーメントが同じであっても筋骨格モデルのパラメータが異なると結果が異なる。大殿筋と同じ股関節伸展機能を有するハムストリングスにも違いが見られる。筋の発達度合いによって動作中に使用する筋が異なるのは現実のヒトを考えれば当然であるが，逆動力学計算を利用し

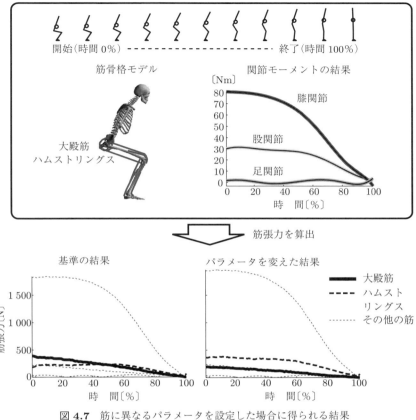

図 4.7 筋に異なるパラメータを設定した場合に得られる結果の違いの例(推定される筋張力が異なる)

た筋張力推定法を難しいものにしている要因の一つである。

現在では X 線 CT (computer tomography) や MRI (magnetic resonance imaging) などがあるため,手間がかかるものの,骨格の大きさや筋の付着位置など形態に関するパラメータは,生体でも比較的精度よく取得することができる[†]。また,個人の値ではなく平均的な値でよい場合は論文などで公表されてい

[†] ヒトに関するデータを取得する際,つねに倫理面の問題が影響し,正確なデータや必要なデータが得られないことも多い。ヒトを解析する場合,ヒトの構造の複雑さが問題となることも多いが,倫理的な面から正確なデータや必要なデータが得られないことが最も大きな問題である。

る値を引用することも可能である。

一方，4.1.2項で述べた筋の力と長さの関係や力と速さの関係といった機能的な特性に関するパラメータを各個人から非侵襲的に取得することは難しい。そのため，それらのパラメータについては屍体や動物実験から得られたデータを論文から引用して使用することが一般的である[†1]。図4.7で示した通り，パラメータの設定値が変わると結果が変わる[†2]。そのため，このように各個人からパラメータを精度よく実測できないことは解析精度に影響する。ヒト生体からいかに精度よくパラメータを取得するかという課題はこの手法の最も重要な課題の一つである。

4.1.4 数値最適化計算と評価関数

関節モーメントと筋張力の関係式 (4.1) を解くことで，関節モーメントから筋張力が求まる。一見すると式 (4.1) は一般的な連立方程式であり，簡単に筋張力を求めることができそうである。しかし残念なことに，式の数（関節モーメントの数）よりも未知数（筋の数）の方が多いため，解が一つ（一意）に定まらない。すなわち，式 (4.1) だけでは各筋の筋張力を定めることができない。

この点（解の冗長性）を解決するために，Seireg と Arvikar は，工学分野で広く用いられている数値最適化計算を導入した。数値最適化計算では式 (4.1) を満たす無数の解（筋張力の組み合わせ）の中から，それぞれの解について良し悪しを評価し，解を一つに定める。この評価に用いる関数を**評価関数**（evaluation function，目的関数，コスト関数）と呼び，本手法に関する研究の中心テーマの一つとなっている。例えば，効率のよい力発揮をよしとする場合，筋張力の和を評価関数（式 (4.3)）として用い，評価関数の最も小さな解を一つ定めることが案として挙げられる。

[†1] そもそも筋張力を非侵襲的に測定できる手法がないため，筋骨格モデルを用いた手法を使用するという事情がある。
[†2] 図4.7で示した結果は，大殿筋の筋の力発揮能力を半分にしたものであり，極端な場合であることを付記しておく。

$$\sum(MF_i) \tag{4.3}$$

数値最適化計算の分野は広く，多数の書籍（例えば Sait と Youssef [21]）が出版されている．専門的な説明はそうした書籍に譲り，ここでは概略を説明する．数値最適化計算の本質は，いろいろな解を試して評価関数の値が最もよいものを選択するといったシンプルなものである．

各種の最適化計算法が存在するが，その違いは試す解の選び方にある．試す解の選び方を工夫することで，評価関数の値のよいものがより早く見つかる．そのため，対象とする問題に合わせて多様な計算アルゴリズムが開発されてきた．ただし，注意しなければならないのは"数値最適化"計算と呼ぶものの，得られた解が最適であるということは一般的に保証されない点である．しばしばこの最適性の点が問題となる．

理論的な最適解でなくても，現状よりも解がよくなればよいというニーズは多く，そのようなニーズに応えて生まれた手法であろう．ただし，コンピュータを利用することで膨大な数の解を試せるため，解析的に解ける問題で結果の信頼性を検証すると，厳密解に一致する解が得られることが多いのも事実である．そのため，性能の高いコンピュータが手軽に利用できる現在，数値最適化計算はさまざまな分野で利用されている．

最適性の点で注意しなければならないことは，扱う問題の解空間の広さがコンピュータで試せる解空間の広さに比較して大きい場合において信頼性の高い解が得られないことである．このような背景があり，コンピュータの計算速度の進歩に合わせて，筋骨格モデルの規模が拡大されてきた．

数値最適化計算では評価関数に従って解を選択するため，当然ながら評価関数の設定によって得られる解は異なる．そのため，どのような評価関数が筋張力の推定に適切かという課題に対して，多くの研究者が取り組んできた．現在は，評価関数に筋張力の2乗和や筋の興奮水準の2乗和などを用い，それらの値の最も小さな筋張力の組み合わせを探索することが一般的である．

これらの評価関数を生理学的な観点から意味付けすると，「筋活動はなるべく

疲労が起きないように決定される」ということを示したものであり，理に適っている。ただし，動作は疲労や効率だけを考慮して構成されているわけではなく，動作の安定性なども考慮される。また，腕を曲げて力こぶをつくる動作などは上腕の前面にある上腕二頭筋にできる限り大きい力を出すよう構成される。すなわち評価関数は，厳密には複数の項で構成され，さらに動作ごとに各項の種類や係数も異なるはずである。同じ動作であっても局面ごとに異なることも予想される。適切な評価関数は，それ自体がヒト動作の成り立ちを説明するものであり，研究は現在も進行中である。

本節の最後に，評価関数に関するこれまでの研究の中で代表的なものを紹介する。評価関数設定の際には，これらの研究が参考になる。

(1) **Seireg and Arvikar（1973）**

SeiregとArvikar[20]は，評価関数を設定して最適化を行うという概念を初めてこの種の問題に導入し，解の冗長性の問題を解決した。彼らは，4種類の評価関数（筋の発揮張力の和，筋の仕事量の和，下肢三関節の各関節間に働く鉛直方向の力の和，各関節の靭帯で発揮されるモーメントの和）を試した。

(2) **Pedotti et al.（1978）**

Pedottiら[24]は，4種類の評価関数（筋張力の和，筋張力の2乗の和，筋張力を発揮可能な最大筋張力で除した値の和，筋張力を発揮可能な最大筋張力で除した値の2乗の和）を試し，各変数の線形な和よりも非線形（2乗）な和を用いた方が，そして，各筋の発揮している張力値の和を用いるよりも，筋張力を各筋が発揮可能な最大筋張力で除した値の和を用いた方が実験値との一致度が高いことを明らかにした。

(3) **Crowninshield and Brand（1981）**

Grosse-LordemannとMuller[22]は筋の発揮張力とその力を維持できる時間との関係を式(4.4)のように提示した。

$$\log T = -n \cdot \log F + c \tag{4.4}$$

ここでTは力発揮を維持できる最大時間，Fは発揮張力，nとcは実験的に得

られる定数値である。n の値は，実験的に 1.4〜5.1 程度の値であることが明らかになっている。

CrowninshieldとBrand[23]は，評価関数として各変数の線形な和が用いられるのは，生理学的な意味よりもむしろ数学問題としての解法のしやすさが理由であることを述べた．彼らは，Grosse-Lordemann と Muller の研究結果から評価関数として式 (4.5) を設定し，5 種類の n（$n=1, 2, 3, 4, 100$）についてそれぞれ最適解を求めて比較した．

$$u_n = \sqrt[n]{\sum_{i=1}^{m} \left(\frac{F_i}{PCSA_i}\right)^n} \tag{4.5}$$

ここで，m は筋数，Fi は筋 i の発揮張力，$PCSAi$ は筋 i の**生理学的筋横断面積**（physiological cross-sectional area）である．$n=1$ と $n=2$ の結果間の差が最も大きく，$n=2, 3, 4, 100$ の結果の差は小さいものであった．また，$n=3$ の際，最も実験結果と一致した．それらの結果を元に，n は 1 よりも 2 以上，つまり，評価関数は線形の和よりも非線形の和が適切であることを示唆した．

（4） Kaufman et al.（1991a, 1991b）

Kaufman ら[25),26)]は等速性の膝伸展動作時における各筋の張力を求めるために，3 種類の評価関数（筋の発揮張力の和，筋の興奮水準の和，筋発揮張力を各筋の PCSA で除した値の 3 乗の和）を試した．筋の興奮水準は，筋の張力，長さ，収縮速度から算出された．Kaufman らは，動作中の筋電図積分値と評価関数を用いて推定された筋張力を比較し，筋の興奮水準の和を評価関数とした場合が最も実験結果と一致することを明らかにした．

4.1.5　計　算　時　間

どのようなモデルを構築するか，また，どのような最適化アルゴリズムを用いるかなどといった，全体的な構成を考える際，配慮しなければならない点に計算時間がある．計算時間が制限因子となり，解析ができないことも多い．近年，コンピュータの性能が飛躍的に向上しているものの，それでも十分ではな

い。そのため，実際の解析を行う際は計算時間を考慮した上で手法の全体構成を決める。計算時間は，モデルの複雑さ，コンピュータの性能，プログラムの構成，解析する動作の動作時間など，さまざまな要素の影響を受ける。そのため，どの程度のモデルであれば，どの程度の時間で計算ができるかなどは一概にはわからない。だいたいの構成を決めた後は，実際にモデルを構築して計算を行い，計算時間を確かめながら細部を詰めていくこととなる。数秒の動作を計算する上で数十秒の時間を要することは一般的である。

4.2 順動力学を用いた筋張力の推定法

順動力学を用いた手法は一般的にシミュレーションと呼ばれる。このシミュレーションという用語がまさに順動力学を用いた解析手法を端的に示している。本節の手法の最も大きな特長は，現実の動作を解析するのではなく，コンピュータ内に自ら生成した動作を解析する点にある。この手法では実在しない動作を生成，解析することも可能である。

例えば，あるスポーツの世界チャンピオンを超えた動作を解析することも可能であり，トレーニングやリハビリテーションを効率よく実施するために，その効果を前もって調査することも可能である[†]。このように，他の動作解析法とは一線を画した特長をもつ。ただし，前節の逆動力学を用いた解析の主体が微分計算である一方，順動力学を用いた解析の主体は積分計算である。積分計算は微分計算に比較して，計算アルゴリズム，精度，計算量などの面で取り扱いが難しい。本節では，順動力学を用いた筋張力の推定法について実際の解析例も交えて解説する。

4.2.1 解析の流れ

筋張力推定までの過程は大きく分けて二つである。一つは動作のシミュレー

[†] 実際には，動作様式やコンピュータの計算能力が制限因子となってできないこともある。

ション（生成）過程であり，もう一つは動作解析過程である。後者は技術的には前者のプログラムに出力用のプログラムを追加するだけの操作となるため，本節では前者に絞って解説する。4.1節と同様，シミュレーションにも筋骨格モデルの構築と数値最適化計算の過程があり，それぞれの詳細について解説する。

4.2.2 筋骨格モデル

逆動力学を用いた手法と順動力学を用いた手法で使用する筋骨格モデルは外見上区別がつかない。そのため，混同されることも多いが実態は異なる。前節の逆動力学を用いた手法で使用されるモデルの実態は，運動方程式と微分演算を用いて動作から筋張力を算出する逆動力学計算のプログラムであり，本節の順動力学のモデルの実態は，運動方程式と積分演算を用いて筋への入力信号から動作をシミュレーション（生成）する順動力学計算のプログラムである。

図 4.8 に筆者が使用している筋骨格モデルの概略を示した。研究者ごとに差異はあるものの，筋骨格モデの概略を理解する上では参考になるため紹介する。モデルは三つのサブモデルから構成されている。神経モデルは，神経から筋への刺激入力に対する筋張力応答の遅れをモデル化したものである。筋モデルは，

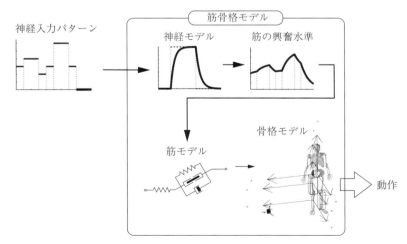

図 4.8　順動力学を用いた手法で用いる筋骨格モデルの概略の例

筋の力学的特性（力発揮能力，筋張力・収縮速度・筋長の関係図 4.6 など）や解剖学的特性（骨格における筋の付着位置，筋長，腱長など）をモデル化したものである。筋モデルの基本的構成[†1] は，組み込むすべての筋で同一である。筋モデルと神経モデルは両者ともに筋の数だけ用意する。身体にはひらめ筋，腓腹筋，前脛骨筋といった各種の筋が存在し，それぞれ特性が異なる。筋ごとの特性の差異は，筋モデル内の各種パラメータの調整で再現される。骨格モデルは，関節モーメントを計算する際と同様の剛体リンクモデルであり，身体各部位の質量や大きさ，関節構造をモデル化したものである。

この筋骨格モデルでは，各筋の神経モデルに 0～1 までの値を時系列で入力することで動作が生成される。実際に動作を生成するためには，各筋すべてについて時系列の入力データ（神経入力パターン）を用意する必要があり，神経入力パターンの作成が，順動力学を用いた手法の中で最も時間を要する。次項では，神経入力パターンの作成方法について解説する。

4.2.3 数値最適化計算と評価関数

神経入力パターン（図 4.8）を作成するために数値最適化計算を用いる。前節と評価関数は異なるものの，計算手法（4.1.4 項）は本質的に同じである。本節では順動力学を用いた手法において特徴的な事項について解説する。図 **4.9** に垂直跳びを例に，数値最適化計算のフローチャートを示した。数値最適化計算を始めるにあたり，まず一つの神経入力パターンを準備する[†2]。ここでは 1 cm でも 1 mm でも跳躍すれば，どのようなパターンでもよい。評価関数を跳躍高として設定しているため，跳躍していることが重要となる。数値最適化計算が正しく機能している限り，得られる解は同じになる。最初に用意する神経入力パターンによって最終解が変化する場合は，最適解を得られていない可能性がある。数値最適化計算の手法を変更するか，もしくはモデルの規模を小さくす

[†1] Hill タイプモデルと呼ばれる筋モデルを組み込むことが一般的である。
[†2] 最適化計算の種類によっては多様な入力パターンを用意することもある（例：遺伝的アルゴリズム）。

4.2 順動力学を用いた筋張力の推定法

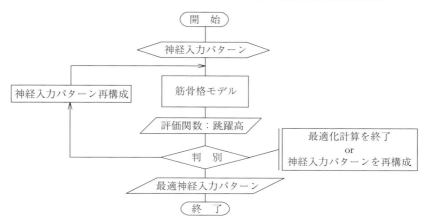

図 4.9 数値最適化計算のフローチャート（垂直跳びの場合）

るなどの対策が必要となる．数値最適化計算では，ある神経入力パターンで得られた跳躍高をもとに，新たに神経入力パターンを再構成しながら，現在よりも高く跳躍できる入力パターンを探索する[†]．数値最適化計算で重要な点は，神経入力パターンの再構成の方法（数値最適化計算の種類）の選択および評価関数の設定である．

神経入力パターンの再構成方法の選択の問題は，多種多様な数値最適化計算の種類からどのようなアルゴリズムのものを選択するかという問題と同義である．すべての問題に万能なアルゴリズムはなく，定まった選び方もない．そのため，経験および試行錯誤で使用するアルゴリズムを決定するのが実状である．組み合わせ最適化法の一種である焼きなまし法，遺伝的アルゴリズムなどは使われる機会の多いアルゴリズムである．

神経入力パターンの再構成において評価関数の値が唯一の情報となる．そのため，評価関数の設定が不適切であると動作を生成できない．図 4.9 において示した垂直跳びは，評価関数が跳躍高のみとシンプルなことから用いられることが多い．歩行も生成可能であるが，エネルギー消費量や 1 サイクル後の姿勢の一致など，複数の要素を評価関数に組み入れる必要性から，垂直跳びの場合

[†] スポーツにおいて人が練習を繰り返して技術レベルを向上させることと同じである．

よりも複雑となる。評価関数の設定は本手法の最も難しい問題の一つであり，生成可能な動作は限られる。一方，ある評価関数で目的の動作を生成できる場合，評価関数内の各要素はその動作の中で特に重要な要素であるため，4.1.4 項と同様，適切な評価関数は，それ自体がヒト動作の成り立ちを説明するものと言える。今後の研究の進展とともに各動作に対して適切な評価関数が明らかにされていくものと期待される。

4.2.4 コンピュータの性能の向上と筋骨格モデルの複雑化

本手法で最も時間を要する過程は，数値最適化計算の過程である。筋骨格モデルがそれほど複雑ではない場合であっても，一般的なコンピュータの処理速度で数日〜数週間を要することも珍しくない[†1]。1 回の結果を得るために要する時間が長いため，手法として扱い難く，研究の進展が遅いのが実状である。順動力学を用いた手法の普及の障害となっている点が，筋骨格モデルの構築（運動方程式の導出と解法）の難しさにあるとすれば，発展の障害となっている点が，数値最適化計算に要する時間であるといえる。このような背景から，コンピュータの普及とともに手法が誕生し，コンピュータの性能（処理速度）の向上とともにモデルが複雑化してきた。ここで，本手法を牽引してきたアメリカの研究グループのモデルの変遷を紹介する。

モデルの変遷と各時代のコンピュータの性能[†2] を図 4.10 に示した。コンピュータの性能の向上とともにモデルが複雑化していく様子がわかる。ただし，ここ数年はコンピュータの性能向上に以前ほどの早さがないため，Anderson らのモデル以降は目に見えるような複雑化は進んでいない。今後のコンピュータの性能の向上に期待したい。

（1） Roberts et al.（1979）

Roberts ら[28]は棒状の 1 セグメントのモデルを構築し，そのセグメントを最

[†1] 同じ規模の筋骨格モデルで比較した場合，逆動力学を用いた手法と比較して，数値最適化計算に数十倍から数百倍以上の時間を要する。
[†2] 中央演算装置（CPU，central processing unit）のクロック周波数を性能の指標とした。

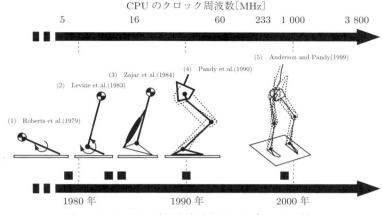

図 4.10　モデルの変遷と各時代のコンピュータの性能
（アメリカの同一研究グループのケース）

も高くまで跳ばすためのトルクの制御について調べた．セグメントの初期状態によって，トルクの制御方式が変わることを示した．このモデルは，一つのセグメントと一つのトルクアクチュエータのみで構成された単純なものである．しかし，構造が単純であるため，その結果は明瞭である．

（2）　Levine et al.（1983）

Levine ら[29]は二つのセグメントとそれらを繋ぐ関節から構成されるモデルを構築した．このモデルは，足部とその他の部位というようにモデル化されており，両セグメントを繋ぐ関節は足関節を意図してモデル化されている．モデルの動力として，トルクアクチュエータが組み込まれた．関節が組み込まれた点で，Roberts らのモデルに比較し，ヒトにより近いモデルとなった．

（3）　Zajac et al.（1984）

Zajac ら[30]は初めて筋骨格モデルを構築した．彼らのモデルは，Levine らのモデルの動力をトルクアクチュエータから筋モデルに置き換えたものである．筋骨格モデルの規模は小さいものの，動力として初めて筋が組み込まれたという点で重要な研究である．

(4) Pandy et al.（1990）

Pandyら[31)]は，四つのセグメント（上半身，大腿，下腿，足）と三つの関節（股関節，膝関節，足関節）で構成された筋骨格モデルを構築した。このモデルでは下肢を代表する八つの筋（大殿筋，大腿直筋，ハムストリング，大腿広筋群，腓腹筋，ひらめ筋，その他底屈筋群，前脛骨筋）が組み込まれた。Pandyらの筋骨格モデルは2次元ではあるが，その構成はそれ以前のモデルに比較して，格段にヒトの身体構造に近付いた。

(5) Anderson and Pandy（1999）

AndersonとPandy[32)]は筋骨格モデルを3次元へと拡張した。彼らのモデルは10個のセグメント，9個の関節，54個の筋で構成された。各関節もこれまでのモデルのように，単軸の関節ではなく，実際の関節に近い構造（例えば，股関節であれば球関節）が設定された。モデルを3次元化することにより，これまで2次元に近似していたため調べることができなかった前額面や横断面の動きを調べることができるようになった。また，矢状面では機能しない筋（例えば梨状筋）の活動なども調べることができるようになった。しかし，この3次元モデルはそれまでのモデルと比較して自由度が大幅に増したため，計算量が膨大であった。そのため，Andersonらは，100個以上のCPUを備えたスーパーコンピュータを用いた。パーソナルコンピュータを使用した場合，このモデルを用いてシミュレーションを行うことは今でも時間を要する。また，逆動力学を用いた手法の場合であれば，同規模の筋骨格モデルを用いたソフトウェアが既に実用化されていることから順動力学を用いた手法の計算量の多さがわかる。

4.2.5 実際の動作解析例

本項では実際の解析例として，筋力の左右差が垂直跳びのパフォーマンスに与える影響について調べた研究[34)]を紹介する。

ヒトの身体では，左右差が存在することが一般的である。筋力についても例外ではない（**表4.1**）[33)]。スポーツ競技において，筋力の左右差はパフォーマンス低下の一要因として捉えられることが一般的であり，左右差をなくす方向へ

表 4.1　下肢の代表的な筋の生理学的筋横断面積の左右差
（21 体の屍体の平均値（男性 15 名，女性 6 名））

	生理学的筋横断面積 [cm²][†]		
	左下肢 [cm²]	右下肢 [cm²]	左右差 [%]
腸腰筋	15.61	14.51	7.58
大殿筋	30.25	28.58	5.84
内転筋群	29.62	30.67	3.42
大腿二頭筋	12.07	11.53	4.68
大腿四頭筋	55.90	56.11	0.37
腓腹筋	16.90	14.41	17.28
ヒラメ筋	23.77	23.18	2.55
前脛骨筋	6.92	7.02	1.42

† 筋力を決める生理学的な指標

の処方が施されてきた．しかしながら，筋力の左右差とパフォーマンスの関連性について調べられたことはほとんどない．その理由の一つに，実験的に困難な課題であることが挙げられる．ヒトによって左右差は異なり，筋間でも左右差の度合いが異なる．また，ある筋は右が強いかもしれないがある筋は左が強いかもしれない．実験に多くの要因が混入するため，筋の左右差の影響のみを抽出できない．一方，順動力学によるシミュレーションでは，モデル内のパラメータ調整のみで筋の左右差をコントロールでき，筋の左右差の影響のみを抽出できる．

　この研究では，図 4.11 に示す二種類のモデルを構築して，そのモデル間でパフォーマンスを比較することで，筋力の左右差とパフォーマンスの関連性が調べられた．左右筋力不均衡モデルでは，筋力左右均衡モデルを基準に，右脚のすべての筋の筋力を 5%向上させ，左脚のすべての筋を 5%低下させた．

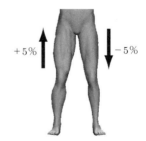

筋力左右均衡モデル　　筋力左右不均衡モデル

図 4.11　筋力左右均衡モデルと筋力左右不均衡モデルの概略図

総筋力は跳躍高に影響するため[35]，二つのモデル間で総筋力が同じになるように設定された。垂直跳びは，スポーツの基本動作であり，評価関数の設定が容易なこと（4.2.3項）から，対象動作として選ばれた。

左右筋力均衡モデルでは跳躍高は 41.6 cm であり，左右筋力不均衡なモデルでは 41.9 cm であった。すなわち，筋力の左右差はパフォーマンスを低下させるものとして捉えられてきたが，実際にはほとんど影響しないことが明らかとなった。ただし，動作が変わった場合や左右差の度合いが変わった場合など，すべての状況で左右差が影響しないと言えるものではないことに注意を要する。また，左右差は怪我の発生率を高めることが報告されており[†]，この研究結果からすぐに左右差があっても問題ないという結論を導くのは尚早である。参考までに，シミュレーションされた動作を図 4.12，4.13 に示した。現実の動作と類似した動作が生成されている。

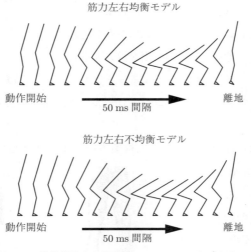

図 4.12　動作開始から離地までのスティックピクチャー

---

† 左右差と怪我は関連しないとの研究報告もあり，統一した見解は得られていない。

4.2 順動力学を用いた筋張力の推定法 75

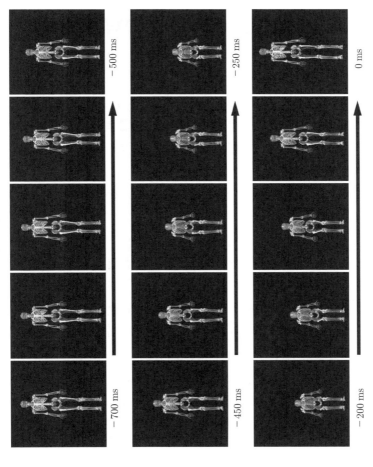

図 4.13 筋力左右不均衡モデルの跳躍時の前額面画像（0 ms が離地の時刻）

5 身体運動の巧みさの解析

 ピアノ演奏の見事な鍵盤操作，職人たちの見事な巧みの技，ならびにスポーツ選手の力強くかつ美しいパフォーマンスは，まさに熟練の賜である．これらの身体操作制御は，目的に合致する運動プログラムを大脳によって企画し，そのプログラム実行命令を脊髄神経・運動神経によって，筋群へ伝え，筋群の働きによって各関節が駆動することで生じる．
 この章では全身を使った巧みな**運動の制御**（motor control）とその解析手法について述べる．

5.1 しなやかな動作（日本舞踊）

 日本舞踊は日本の伝統芸能の一つであり，多彩な演目があるのが特徴である．演じ手は，各演目に習熟するとともに，役柄を演じ分けられるように稽古を積む．「北州」という演目は，江戸時代の浅草・吉原における四季の移り変わりを表現したものであり，扮装も大道具も用いない素踊りで演じられる．1曲の中で，奴，武士，男衆，馬子，商人，遊女，禿など20名分の役どころがあり，花柳流専門部の試験課題曲としても知られている．
 一人の演じ手が複数の役どころを演じるためには，それぞれの役らしさを表現することが必要である．そのためには，その役らしさが表現できるようにするための身体の動きを稽古によって身に付けることになる．ここでは定性的には，役らしさについては差がないと考えられる二人の日本舞踊家について，モー

ションキャプチャーによる身体動作の運動学的記述ならびに筋電図による拮抗筋の共収縮評価から巧みさの解析した事例を紹介する[36]。

対象とした動作は，北州の中の「遊客」の役どころを解析した．被験者のうち一人は40年のキャリア（エキスパート），もう一人は20年のキャリア（熟練者）を有していた．

5.1.1 運動学的評価

動作解析のためには身体各部位の運動学的データを取得する必要がある．今回の実験では，被験者の身体各部位に32個のマーカを貼付して，16台のカメラから撮影を行い，3次元動作解析装置を使って運動学的データを取り込んだ．サンプリング周波数は60 Hzであった．

日本舞踊は足使いによって動きのリズム感や動きのペースをつくるといわれており，足使いによって体重の保持と移動，場面転換など多様な表現がなされている．運動学的な評価にあたっては，上肢，頭部，体幹というように身体区分ごとに比較，解析することも多い．一方で，全身を一点に代表させた身体重心を用いて全身の運動を評価する方法もある．ここでは身体重心を使った全身の動作についての評価を説明する．

図5.1は動作解析データから得られたスティックピクチュアを示している．「遊客」を演じているときの歩行動作，特に片脚支持曲面に注目してみた．遊客が気分良く，弾むように歩いている様を示している．ただ，スティックピクチュアからは，エキスパートと熟練者の明確な違いは認められない．

そこで，両者の身体重心を調べることで，舞踊動作中の身体保持と身体の移動量を比較してみる．身体重心位置は，身体各部位（頭部，体幹，上腕，前腕，手，大腿，下腿，足部）が剛体で，変形しない，という前提に立ち，各部位ごとの重心位置から身体全体の合成重心位置（身体重心位置）を求める．身体各部位の重心位置は，それぞれの分節長のどこにあるか（分節重心位置の係数）が利用する身体モデルにより係数が決まっている．分節長は，関節と関節の距離で求められるので，各関節位置の座標がわかれば，分節の長さが求まり，身体

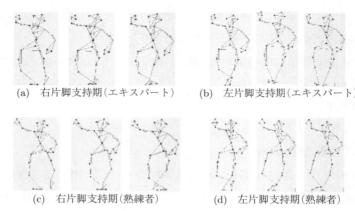

(a) 右片脚支持期(エキスパート)　　(b) 左片脚支持期(エキスパート)

(c) 右片脚支持期(熟練者)　　(d) 左片脚支持期(熟練者)

図 5.1　片脚支持動作中のスティックピクチュア

重心位置が決定できる。

身体重心の説明が長くなったが，図 5.2 に二人の片脚支持中の重心軌跡を示した．図中の黒丸で示した部分がそれぞれの片脚支持のスタート位置である．図 (a) は，右片脚支持期であり，このスタート位置は相対的に高い位置から始まり，低いほうへ移動していることがわかる．図 (b) の左片脚支持期では，逆に身体重心は下から上へと移動している．通常の歩行では，片脚支持期に身体重心が高くなり，両脚支持期で重心が低くなる．「遊客」では通常の移動手段としての歩行ではなく，演技表現の歩行であり異なる重心移動であることがわかる．

さらに二人の比較をしてみると，ほぼ同じ身長であるにもかかわらず，左片

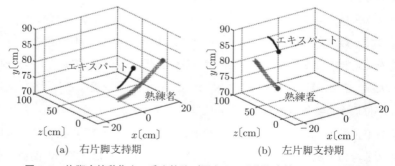

(a) 右片脚支持期　　(b) 左片脚支持期

図 5.2　片脚支持動作中の重心軌跡（図中の●は片脚支持のスタート位置）

脚支持期でエキスパートは熟練者よりも低い重心位置から片脚支持に入り，逆に右の片脚支持期では，より高い位置からスタートしている。片脚支持期中の身体重心の移動量は相対的に熟練者のほうが大きいことが見て取れる。これらの移動量から移動速度を計算してみた（図 5.3）。左右いずれの片脚支持期においてもエキスパートは熟練者よりもゆっくりとした速度で重心を移動させていることがわかる。すなわち，スティックピクチュアあるいは映像などの定性的な評価では差を認めづらい二人を身体重心の移動量ならびに移動速度で比較すると，明確な特徴の違いが理解できる。

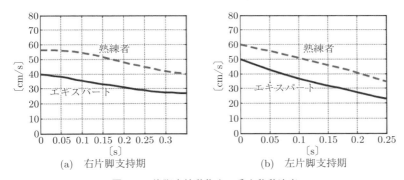

図 5.3 片脚支持動作中の重心移動速度

5.1.2 筋電図による拮抗筋の共収縮評価

筋肉の活動度を知る手がかりとして**筋電図**（electromyogram）が利用される。筋電図は，筋が収縮するときに発生する活動電位を記録したものである。通常，よく利用されるのが皮膚の表面に電極を貼付して得る表面筋電図である。基本的には筋の活動度が高くなれば表面筋電図の波形も大きくなる。また，複数の筋肉から表面筋電図を得ることで，特徴的な動作パターン，活動パターンを知ることができる。

われわれの筋肉は縮まることで力を発揮し関節を駆動する。そのため，一つの関節を駆動するのにペアとなった筋群が存在する。足首に関してみれば，つま先を上げる（足背屈）ために使われる筋肉（前脛骨筋）とつま先を下げる（足

底屈）に使われる筋肉（ヒラメ筋，腓腹筋）がある。同様に，膝関節では伸展にかかわる筋肉（大腿四頭筋），屈曲にかかわる筋肉（ハムストリングス）がある。

大きな力を素早く出すときには，主として働く筋（主働筋）が大きな力を出し，反対側にある筋（拮抗筋）は力を抑制されるほうが望ましい。一方で，ゆるやかでかつなめらかな動き，日本舞踊のようにしなやかな動きの場合には，たがいに拮抗関係にある筋肉がともに活動（共収縮）しながら力を発揮して，動きを制御することがみられる。その理由としては，体重を支えながらゆっくり動くとき，片側だけの筋肉だけが働くと関節が不安定になることが考えられる。また，動作そのものの細かな調整をするのにも不利となる。

しなやかに動くためには，**拮抗筋の共収縮**（co-contraction of antagonist）を上手に利用しかつ巧みに制御する必要がある。共収縮を評価する方法を**図 5.4**に示した[37]。拮抗筋群の筋電図データを重ね合わせて，それぞれが重なる部分を出して計算する。両方の筋肉がすべて重なれば100%の共収縮率となり，片方の筋肉がまったく働かなければ0%となる。

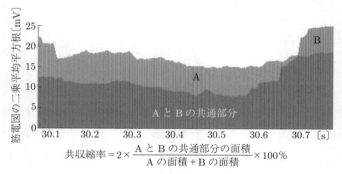

図 5.4 拮抗筋の共収縮とその共収縮率の計算法

身体重心（center of gravity in human body）が相対的に高い位置から始まり，低いほうへ移動している右片脚支持期は，膝，足首を曲げて重心を下げている局面である。ここの局面での筋活動を見てみると（**図 5.5** (a), (c)），足首に関して（図 (c)）はエキスパートと熟練者においてほぼ近似した平均筋電図を示しているが，膝関節に関して（図 (a)）は，エキスパートが大腿直筋の筋電図

5.1 しなやかな動作（日本舞踊）

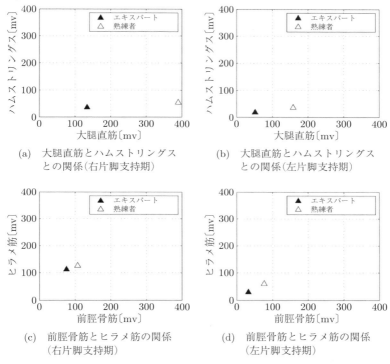

図 5.5 拮抗筋ごとにみた平均筋電図

を低くして活動しているのがわかる。

また，逆に身体重心は下から上へと移動している左片脚支持期（図 (b), (d)）では，膝，足首を伸ばして身体重心を持ち上げる局面であるが，エキスパートは膝，足首のいずれの筋活動も低いことがわかる。各局面での膝関節ならびに足関節の**共収縮率**（rate of co-contraction）を計算してみた（**表 5.1**）。エキスパートは熟練者に比して，膝関節で 20% 程度，足関節で 10 ～ 20% 程度高

表 5.1 膝関節ならびに足関節の拮抗筋共収縮率

	右片脚支持期		左片脚支持期	
	膝関節	足関節	膝関節	足関節
エキスパート	44%	94%	54%	87%
熟練者	20%	82%	34%	66%

い共収縮率を示した。

これまでのデータからまとめると，40年のキャリアを有するエキスパートの特徴としては，ゆっくりとした動作を実現するのに，筋電図のレベルは相対的に低いまま（少ない筋力発揮）で，共収縮率を高めることで膝と足関節を制御していることがわかった。しなやかな動作の実現には，拮抗筋を巧みにコントロールしていることが理解できる。

5.2 力強い動作（ウエイトリフティング）

力強い動作，筋力発揮が求められる代表的な競技として**ウエイトリフティング**（weightlifting）が挙げられる。ウエイトリフティング競技は，スナッチおよびクリーン＆ジャークの2種目で挙上された最高重量の和で順位が決定される。スナッチ種目では床上に静止したバーベルを1回の動作で頭上まで引き上げ，腕を伸ばした姿勢で受け止めることが要求される。クリーン＆ジャーク種目は床上のバーベルを肩まで持ち上げるクリーン動作とそこからバーベルを脚の屈曲・伸展を利用して腕を伸ばした姿勢にまで差し上げるジャーク動作の二つからなる。

いずれの動作も重力に抗してバーベルを挙上させるために力を発揮している時間は，1s足らずのきわめて短時間に動作が終了する競技である。そのため，爆発的な筋パワー発揮が要求される。また同時に筋肉が生み出したパワーをいかに有効にバーベルに作用させるかが，競技力を決定する大きな要因であるといえる。つまり，リフティング技術に習熟し，巧みな運動制御することが競技力向上の一つの鍵となる。

ここでは力強い動作の巧みな運動制御について，運動学的データ，筋電図データならびに力学的データから説明する。

5.2.1 バーベルの軌跡

ウエイトリフター矢状面に直交する位置にカメラを設置したカメラからバー

ベルシャフトの中心の軌跡を求めた．測定した試技はいずれもスナッチ動作であり，通常のトレーニング動作の試技を測定した．競技レベルの異なる3選手（A：全日本学生トップレベル，B：関西学生入賞レベル，C：競技歴3年未満の未熟練者）が参加した．挙上重量はA選手で80, 90, 100, 110, 115 kg, B選手で60, 80, 90, 97.5, 100, 102.5 kg, C選手で50, 60, 70, 80 kgであった．．ベスト記録から見ると，60〜95％であった．

図 5.6 にA選手が 100 kg をスナッチ動作で挙上したときのバーベルの軌跡（右上）と y（垂直）方向の加速度（下）の変化を示した．選手は基準線（バーベルの静止位置）の右側にスタンスを構え，左側を正面方向として動作を行っている．バーベル軌跡を観察すると，全体として最初のところ（スタート位置）から身体側へ引かれた後，反対側へ引かれ，再度身体側へと引き戻されて，受けの姿勢から立ちの姿勢へと移行している．スタートから受けの動作局面までは，縦長のS字カーブを描いている[38]．

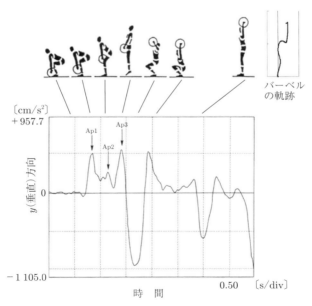

図 5.6 スナッチ動作中のバーベルの軌跡（右上）と垂直方向の加速度変化（下）

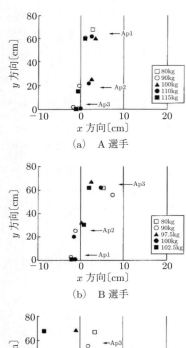

図 5.7　スナッチ動作中の加速度ピーク出現位置

図 5.6 の下の図は，y（垂直）方向の加速度の変化を見たものである．静止したバーベルを持ち上げるためには，バーベルに鉛直方向の加速度を与えなければならない．力学的に見れば，物体を加速させることはその物体に力を加えることを意味する．バーベルに大きく力が加えられた位置は，持ち上げ初め，バーバベルが膝近くの位置，そして最後に大きく力を加えるバーベルが大腿部中央辺りの位置である．これらに対応するように三つの加速度ピークが認められる．そこで，その出現位置を挙上重量ごとにプロットした（**図 5.7**）．

A 選手は二つ目の加速度ピークの位置（Ap2）に多少のばらつきが見られるが，全体として挙上重量に関係なく，ピーク位置は凝集している．それに対して，B 選手は加速度ピーク Ap2, 3 の位置の凝集性が低くなっており，特に加速度ピーク Ap3 では，90 kg 以下の重量で大きい変動が認められる．C 選手は挙上重量によって加速のピーク位置の変動が大きく，バーベルを加速させるタイミングが一定せず，挙上重量ごとに異なっていた．

リフティング動作（軌跡）の安定性を決める要因として，バーベルに力を加える位置（タイミング）が関与すると考えられ，競技レベルの高い選手は持ち上げる重量にかかわらずバーベルを加速させる位置の安定しており，この安定性は競技力を反映するといえる．

5.2.2 床反力と筋電図の左右対称性

重量物を持ち上げるとき,われわれは各関節を駆動させて,最終的に足裏から床を蹴ってその反力を利用している.図 5.8 に左右の足裏から得られた床反力の垂直方向成分 (F_z) の経時的変化を示す.左右の合計値の変化を見ると,0 の時点でから,システム重量(体重+バーベル重量)を越えて大きな値となり 1 度ピークを迎えた後に,抜重期(システム重量以下)が示され,再び加重が行われた後,jump-off(床反力が 0 N となる期間)してキャッチ動作を行っている.プル動作(バーベルの引き初めから jump-off するまで)で考えると,第 1 加重期(局面 I),抜重期(局面 II),第 2 加重期(局面 III)に区分できる.

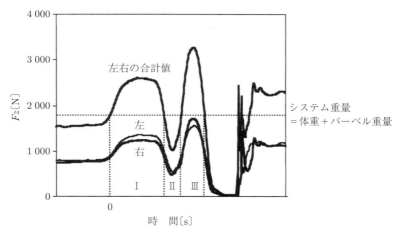

図 5.8 スナッチ動作中の左右の足裏から得られた床反力

そこで,70% ならびに 90% ベスト重量のスナッチにおいて,各局面で得られた F_z のピーク値をもとに 2 名の熟練者と 10 名の未熟練者について左右の床反力対称性を見てみた.**左右対称性指数**(index of symmetry)は以下のように計算した.

$$左右対称性指数〔\%〕 = 100 - \left| \frac{左の値 - 右の値}{右の値} \times 100 \right|$$

すなわち,左右の値が同じであれば,この指数は 100% を示すことになる.

図 5.9 と図 5.10 を見ると，局面 I，III は熟練者，未熟練者ともに約 90% の対称性を示しているが，抜重期である局面 II では，未熟練者の左右対称性は明らかに局面 I，III よりも低下した．一方で熟練者は抜重期においても高い対称性を維持していた．全体の平均では，熟練者が未熟練者よりも高い値を示した．

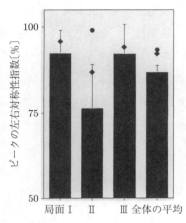

図 5.9 70% ベスト重量のスナッチにおける F_z ピークの左右対称性指数 ●，◆は熟練者，棒グラフは未熟練者の平均値と標準偏差を示す

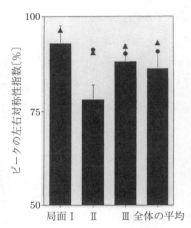

図 5.10 90% ベスト重量のスナッチにおける F_z ピークの左右対称性指数 ●，◆は熟練者，棒グラフは未熟練者の平均値と標準偏差を示す

上記と同様に局面分けして，大腿直筋から導出された筋電図の左右差を見たものが図 5.11 である．図の横軸は右の大腿直筋，縦軸は左の大腿直筋から得られた筋放電量であり，この筋放電量は，最大筋放電量で標準化されている．図の上段から局面 I，II，III ごとに分けて示してある．全体に見て，いずれの局面でも熟練者は，左右の筋放電量がほぼ同水準であることがわかる．また，抜重期に相当する局面 II における筋放電量が熟練者においてきわめて少なく，筋が弛緩し，そして局面 III により大きき活動させていることがわかる．きわめて短時間の爆発的な筋活動において，活動－休止－活動の切り替えを行うとともに，左右の筋活動を同調させていることがわかる．

ヒトの身体の上肢，下肢には，利き手（脚），非利き手（脚）がある．ペンを持つ，ボールを投げる，片足でジャンプするなどの動作を行う場合，上肢，下肢

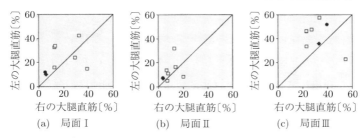

図 5.11 各局面ごとにみた左右大腿直筋の筋電図のプロット（70%ベスト重量のスナッチ）。●，◆は熟練者，□は未熟練者のプロット

の左右どちらかの方がスムーズに，そして力強く動作を遂行できる側を利き手（脚），その反対側を非利き手（脚）とされている。一般的に利き手（脚）側の筋力の方が大きな力を発揮するといわれている。**両側性運動**（bilateral movement）に携わっているアスリートにも利き手（脚）があり，スポーツ動作中においても，競技動作中の筋力発揮に左右差を生じていると考えられる。

今回示したデータから見ると，**左右対称の動き**（symmetrical movement）が要求されるウエイトリフティングにおいて，競技に習熟した熟練者は，左右の足裏に作用した力の発揮パターンがほぼ同様であり，身体の左右の関節が対称的に動くことを表した。また膝関節伸展筋である大腿直筋の左右対称な筋活動を示したことから，リフティングのパフォーマンスを高めるために合目的な力制御を習得していることがわかる。

5.2.3 リフティングスキルとエネルギー転移

爆発的な筋パワーの発揮が求められる競技において**二関節筋**（biarticular muscle）による**エネルギー転移**（energy transfer）の利用が重要なファクターとなる。二関節筋はまさに字のごとく二つの関節をまたいで駆動する筋肉である。太ももの前にある大腿直筋は二関節筋であり，股関節の屈曲と膝関節の伸展の両方に作用する。太ももの後ろにあるハムストリングス（大腿屈筋群）は大腿直筋と対をなすように，股関節の伸展と膝関節の両方に作用する。これらの二関節筋ならびに単関節筋が組み合わせよく活動することで，エネルギー転移を

5. 身体運動の巧みさの解析

起こすことができる[39),40)]。

図 **5.12** は，熟練者のスナッチ動作中のエネルギー転移を示したデータである。このサンプルは股関節に関するものである。ここで使われている筋力値は，筋モデルを利用して筋の活動度（筋電図）と筋の収縮速度の関数として求めている。また，モデルの各パラメータは，逆動力学より求めたモーメント値と計算したモーメント値の誤差が最小化するように調節した（この計算方法については，4.2節を参照すること）。

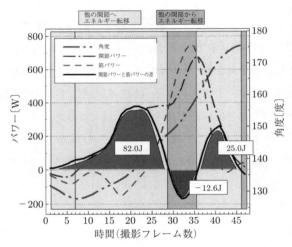

図 **5.12** 熟練者のスナッチ動作（プル局面）中の股関節に関する関節パワー，筋パワーならびにエネルギー転移

この図の一点鎖線で示している**関節パワー**（joint power）は次の式で計算される。

$$JP_{hip} = M_{hip} \cdot \omega_{hip}$$
$$= \left(-F_{rf} \cdot d_{rf}^{hip} + F_{ha} \cdot d_{ha}^{hip} - F_{il} \cdot d_{il} + F_{gm} \cdot d_{gm} \right) \cdot \omega_{hip}$$

M_{hip} ：股関節のモーメント
ω_{hip} ：股関節の角速度
F ：筋力

5.2 力強い動作（ウエイトリフティング）

d　　：モーメントアーム
$○_{rf}$ ：大腿直筋（股関節屈曲・膝関節伸展，二関節筋）
$○_{ha}$ ：ハムストリングス（股関節伸展・膝関節屈曲，二関節筋）
$○_{il}$ ：腸腰筋（股関節屈曲，単関節筋）
$○_{gm}$ ：大臀筋（股関節伸展，単関節筋）

点線で示されれる**筋パワー**（muscle power）は以下の式で計算される。股関節に作用する筋が発揮した真（net）のパワーを計算している。

$$MP_{hip} = F_{rf} \cdot V_{rf} + F_{ha} \cdot V_{ha} + F_{il} \cdot V_{il} + F_{gm} \cdot d_{gm}$$

F　：筋力
V　：速度

図の実線は，関節パワーと筋パワーの差を表しており，つぎの式で計算される。

$$P_{hip} = JP_{hip} - MP_{hip}$$

ここで両者の差がプラスの場合に，エネルギーは股関節へ転移している。また，差がマイナスの場合は，股関節から他の関節（この場合，膝関節）へ転移していることを示している。その具体的なエネルギー転移の量は，プラスの面積で囲まれたところが股関節へエネルギー転移量，マイナスの面積で囲まれたところが，股関節から膝関節へのエネルギー転移量である。

この図はスナッチ動作のプル局面であり，バーベルの引きはじめから途中までは，膝関節で発生したネエルギーを二関節筋により股関節へ転移させ，いったん膝を抜く局面で今度は，股関節から膝関節にエネルギーを移し，最後に大きくバーベルの引き上げる局面で再度，膝関節で発生したエネルギーを股関節へと転移させている。

図 5.13 は，80％ベスト重量でのスナッチ動作中に各二関節筋によるエネルギー転移量を示している。プル動作の後半局面であり，大きな筋パワーを発揮している局面である。図 (a) の熟練者は，膝関節で発生したパワーを利用して，股関節へ 38.1 J，足関節へ 4.5 J 転移させている。また，大腿直筋を介して股関節から膝関節へ 5.5 J のエネルギーを転移させている。言い換えると，この

5. 身体運動の巧みさの解析

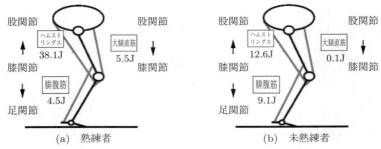

図 5.13　80% ベスト重量でのスナッチ動作（プル局面後半）における各二関節筋のエネルギー転移量

大きなパワー発揮局面ですべての二関節筋がエネルギー転移するために上手に利用されている。一方で，図 (b) の未熟練者は膝関節のパワーをハムストリングスを介して股関節へ転移させるのが弱く，股関節から膝関節へはほとんどエネルギーを転移させることがなかった。

各関節を駆動させるための単関節筋，二関節筋のコンビネーションを上手に制御することでエネルギーを隣接する関節へ転移させることができ，パフォーマンスを高められる。熟練者はこのようなエネルギーを利用して，より高い重量をリフティングしている。

┌─ コーヒーブレイク ─

冗長性から生まれる個性

関節の自由度に冗長性があり，筋構造に冗長性があり，筋収縮に段階の違いがある。人間はこのような冗長な解の中から毎日，適切にまたは適当に解を見つけて生活していると思われる。例えば，街中を歩いている人の歩行パターンを注意深く観察するとかなりばらつきが多く，その人間がその歩行パターンを選択した理由から，その人間の個性が垣間見られるようにも思える。古来より，日本では能，狂言，武術等で動きを深く研究した。そして，動きの中に人間を観察し，理解してきた。人間の運動から個性やそのときの脳機能を推定することは，興味深い脳研究と思われ，今後の人間科学やロボティクスの研究対象でもある。

6 センシングと運動の協調

　人の身体運動は，中枢神経系によって形成される感覚運動変換の内部モデルを介して生成される．このとき，センシングは所望の運動を実現する運動プログラムを計画，調整，実行するための重要な機能を果たす．本章では，人の身体運動におけるセンシングの役割について概説するとともに，人の優れた運動スキルを再現するロボットの実現に向けて，センシングと運動を繋ぐ工学的1手法を紹介する．

6.1　センシングの二つの役割

　一般に，ある事象における状態の変化を検知する機能を**センシング**（sensing），また，その機能を有するものを**センサ**（sensor）と呼ぶ．本書では，状態変化の信号を取得する行為そのものをセンシング，また，その情報に意味付けを行うさまを**知覚**（perception）と呼び，それぞれ区別することにする．以下，この定義の下，人とロボットのセンシングについて対比しながら説明しよう．
　人は自身の置かれた状況を判断し，つぎの行動に役立てるために感覚受容器（センサ）を備えている．感覚受容器は，身体外部の情報を検知する**外受容器**（exteroceptor）と身体内部の情報を検知する**内受容器**（interoceptor）の2種類に大別される．外界からの刺激によって外受容器へもたらされる感覚は**外受容感覚**（exteroception）と呼ばれ，取得した情報を元に外界を認識し，環境変化の予測や環境に対する自身の相対運動の把握に役立っている．一方，身体内

部の運動に由来する感覚情報は，**固有受容感覚**（proprioception）または**運動感覚**（kinesthesis）と呼ばれ，身体の位置，姿勢，バランスの維持に貢献している．

ロボットの場合も人と同様に，外部環境や自身の内部状態を検知するためのセンサが取り付けられており，それぞれ**外界センサ**（external sensor），**内界センサ**（internal sensor）と呼ばれる．外界センサとしては，例えば，視覚センサとしてカメラが，触覚センサとして感圧センサ等が用いられる．一方，内界センサでは，関節角度の検出にエンコーダが，関節トルクの検出にトルクセンサ等が用いられる．このように，センサの要素自体は異なるものの，取得する情報の種類において人とロボットの間に対応関係を見ることができる．

これらの環境状況を検知するセンサには，身体運動の生成において欠くことのできない二つの重要な役割がある．

1. 環境の状況変化に応じて瞬時に適切な運動生成が行えるように，内外界の状態を素早く検知する
2. センサで得た情報を整理し，経験としてデータ構造に蓄積することで，次回以降の運動生成の情報源とする

特に後者の役割は，後述するように，運動パフォーマンスの熟達や洗練化に深く関係しており，今後のロボット研究において興味深い内容を含んでいる．そこで，ここでは人の運動制御の知見として，感覚と運動がある種のデータ構造を介し，結び付いている例を紹介しよう．

感覚受容器によってセンシングされた情報は，知覚されて初めて感覚としての意味をもつ．カナダの脳外科医 Penfield は，知覚と運動に関係する大脳皮質に電気刺激を行うことで，運動野と体性感覚野に身体部位に対応する機能局在を発見した．大脳皮質と身体部位の対応関係は，**Penfield のホムンクルス**（小人，homunculus）と呼ばれ，運動野，体性感覚野ともに，各部位に対応する足部から頭部への規則正しい配列が知られている．これらのデータ構造は自己の身体認識もしくは身体表象としての役割を担うものと考えられるが，身体部位に対応する局在の大きさはつねに一定ではなく，その使用によってかなりダイ

ナミックに変動するようである．このように，経験として蓄積された感覚情報は身体内部の表現に変化を促し，身体が環境に適応できるように適切な手助けを行っている．

6.2　センシングと運動パフォーマンス

　本書で扱う「スキル」とは，日本語では一般に「技能」と訳される．この抽象的な概念を心理学者 Guthrie は，つぎのように定義している．"skill consists in the ability to bring about some end result with maximum certainty and minimum outlay of energy, or of time and energy."[41] この定義に依れば，運動スキルの実現には，精度よい目標達成に向けて，エネルギーや時間を効率よく使いながら，身体をうまく制御する能力が要求される．こうした運動はしばしば「巧みである」と表現される．また，運動スキルの出来は**運動パフォーマンス（motor performance）**と呼ばれ，熟練した運動パフォーマンスには，感覚と運動の間に洗練された関係が見られる．例えば，ボールの打撃動作に注目すると，巧みな動作を実現するには，ボールおよび打者自身の手足の状態を認識する研ぎ澄まされた動体視力と運動感覚が不可欠である．この感覚情報に応じて，打者は運動の予測を行い，タイミングよく適切な身体運動を生成しなければ，バットにボールを当てることはできないであろう．また，繰り返し練習を重ねることによって，運動タスクについて学習が進み，無駄な動作が省かれていくかもしれない．

　本章では，おもにスポーツに代表される洗練された熟練パフォーマンスに焦点を当て，その運動制御メカニズムについて概説するが，その根底には普段何気なく行っている日常動作に潜む運動の巧みさが大きく貢献していることを忘れてはならない．ここでは，運動スキルや熟練動作の処理プロセスについてまとめられた Schmidt による良書「Motor Learning and Performance」[42]から，人の熟練パフォーマンスの概念モデルを紹介しよう．図 **6.1** は，人が身体運動を

94   6. センシングと運動の協調

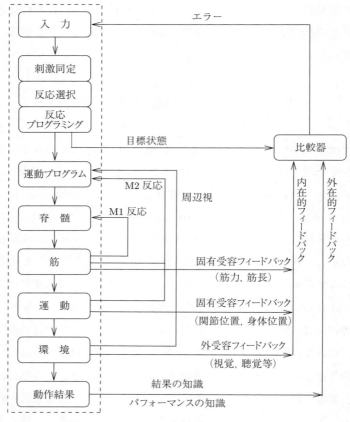

図 6.1　人の運動パフォーマンスの概念モデル

行う際の情報処理過程および末梢運動システムを図式化したものである。運動の生成には，このように多段階のプロセスが必要となるが，実行されるパフォーマンスの性質によって，そのプロセスが異なってくる。以下では，2種類の異なる制御ループシステムについて説明する。

（1）開ループ制御システム

ボールの打撃動作に代表される素早くかつ力の要する運動は，フィードバックや比較器のない開ループ制御によって実現される（図の点線枠）。タスクの要求により，運動の不正確さや変動に起因するエラーを処理し修正する十分な時

間を確保できないため，初期段階で計画した運動プログラムに基づいて運動を遂行せざるを得ない．

ここでもう一度，ボールをバットで打撃するタスクについて考えてみよう．まず，意思決定の段階として，入力であるボールの距離や方向，速度に関する情報が刺激同定され，環境情報を判断した後，反応選択部でバットを振るかどうかを決定する．これらの判断は反応プログラムとしてスイングの方法や動作タイミングに反映される．ここで生成された運動指令に対応して，運動プログラムが脊髄へ送られ，筋を収縮させることで身体運動が実現される．そして，その運動は環境に影響を与えた後，一連の動作を終了する．熟練したパフォーマンスには，洗練化された運動プログラムによる美しい運動フォームが完成されており，これは特定の入力に対する定型化された運動パターンとみることができる．一般に熟練した身体運動には，いくつかの定型化された運動パターンがあり，優れた運動パフォーマンスの実現には，感覚と運動パターンの関係を理解し，つねに利用できる状態にすることが必要である．

このような開ループ制御システム（open-loop control system）は，運動指令の修正を必要としない安定した予測が可能な環境下において効果的に働き，すばやい動作を実現することができる．

（2）閉ループ制御システム

人の運動パフォーマンスの閉ループ制御システム（closed-loop control system）は，前述の開ループ制御システムの意思決定から運動生成へ至るプロセスに，センシングにより取得される多種の感覚情報を多重かつ階層的にフィードバックすることで実現される．フィードバックされた感覚情報は比較器において，内部モデルから予測される目標状態とマッチングが取られ，そのエラーはつぎの入力へ反映される．

ここでは，ボールをゆっくり受け取るタスクの運動修正を例に考察しよう．意思決定の段階では，入力としてのボールの運動情報が刺激同定される．この情報に基づき，反応選択および反応プログラミングにおいて腕を伸ばすための運動指令が決定され，運動プログラムが各筋へ伝わる．このとき，生成される

運動と同時に，腕の動きに関する感覚情報がフィードバックされ，目標とする動き（距離や方向，速度）とのエラーを認識し，そのエラーを解消するようにつぎの運動指令が生成される。実際は，さまざまな受容器からもたらされる感覚フィードバックと反射（図 6.1 における M1 反応，M2 反応）による修正も加わって運動生成が行われる。また，上記フィードバックにはパフォーマンス自体の運動修正のほか，フィードバック情報を目標状態と比較することで内部モデルを修正し，次回以降の動作生成に役立てる機能も含まれることに注意されたい。これは感覚運動変換の遅延を補償し，内部モデルの予測精度の向上に貢献する。

上述の機能は図中の内在的フィードバックおよび外在的フィードバックに相当し，6.1 節で述べたセンシングの二つの役割に対応している。

6.3　身体運動の協調

前節では，感覚情報が運動パフォーマンスにどのように寄与しているかについて述べた。本節では，熟練パフォーマンスの別側面として，身体各部の協調動作に焦点を当て，その運動制御について説明する。

6.3.1　ベルンシュタイン問題

身体の巧みな動作には，四肢をはじめとする身体各部の整合がとれた協調運動が不可欠である。こうした身体運動はどのような制御メカニズムで実現されているのだろうか。本問題を扱うために，まず 19 世紀の古典的な運動制御モデルから始めよう。

古典運動制御モデルは，図 6.2 に示すような「脳の中の小人による鍵盤演奏」になぞらえて説明することができる。すなわち，脳の中の小人（もちろん，本当に脳内に小人が住んでいることを意味しているのではなく，身体各部に指令を送り，身体全体を操作する機能をもつ脳の活動を指している）が，運動に関する記憶を貯蔵している譜面から適切な運動プログラムを読み取り，大脳皮質

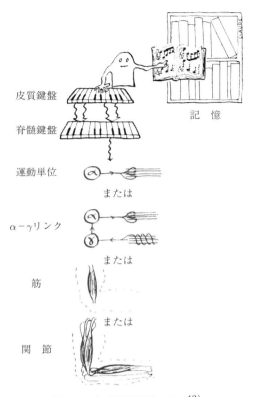

図 6.2　古典運動制御モデル[43]

の運動野上にある鍵盤を叩くことにより身体各部へ指令が送られ，所望の運動が生成される．

　この演奏では，運動の瞬間ごとのすべての関節角，または，それらを制御するすべての筋などの状態を鍵盤上に表現し，これらの楽音をつなげて旋律として運動を奏でる必要がある．こうした古典運動制御モデルの考えに対し，根本的な問題を指摘したのがロシアの運動生理学者 Bernstein（ベルンシュタイン）である．人の身体の自由度は，関節レベルで 10^2，筋レベルで 10^3，細胞レベルでは 10^{14} のオーダーとなり，これらの自由度（鍵盤の数）の組合せは膨大な数となる．また，同じ身体部位であっても，その配置や状況に応じて特性が変化

する身体の多義性から，運動前後の状況を加味した動作の文脈依存も考慮する必要がある．このような多岐に渡るあらゆる状況をあらかじめ計画し，身体を制御することは事実上不可能である．この問題は**ベルンシュタイン問題**として知られ，現在でも運動生理学（さらには，ロボット工学）において大きな課題となっている．

なお，問題を指摘した Bernstein は上記問題の解決法として**協応構造**（coordinative structure）という概念を提案している．熟練した運動では，身体の多くの自由度は独立ではなく，身体部位を関連付ける拘束条件がある．運動制御メカニズムは，この身体部位間の拘束すなわち協応構造を利用して，制御すべき身体全体の自由度を大幅に減少させているのではないかとする考えである．

一方，神経生理学者で癲癇の臨床報告としても有名な Jackson も "The central nervous system knows nothing of muscles, it only knows movements."[44] と言葉を残している．中枢神経系が指令するものは筋活動ではなく，複数の筋群や関節がたがいに関わることで実現される協調した運動であることを強調し，先の古典運動制御モデルとは対照的立場にあるといえる．こうした観点からすれば，身体各部の運動は身体全体における協調動作の一部として機能しているのにすぎないのかもしれない．

6.3.2　ダイナミックシステムズアプローチ

古典運動制御モデルでは，あらゆる運動が中枢神経系の運動プログラムとして記述されていることが前提となっており，神経系や筋の特性，さらには身体各部の運動特性といった本来運動がもつ力学的側面が軽視されていた．これに対し，Kelso らは運動に関わる多くのサブシステムの力学的結合と競合の結果，身体各部位間に秩序が形成され，その自己組織化により全体として協調した動作パターンが発現すると考えている．こうした考えは**ダイナミックシステムズアプローチ**（dynamic systems approach）と呼ばれ，ベルンシュタイン問題の解決を期待できる有力一つの仮説であるが，一方で協調動作が持つ興味深い側面を完全には説明できていない問題も抱えている．

6.3.3 運動リズム・動作タイミング

スポーツ運動においてその効果を高めるには，運動リズムや動作タイミングに注目することが重要である．適切なタイミングで身体のしなやかな反動動作を利用することで，効率よくバランスのよい運動パフォーマンスを実現することができる．ドイツの運動学者 Meinel は，その著書[45]の中でつぎのように言及している．「スポーツの運動リズムの本質はその発達の中においてこそ初めて完全にとらえられるものである．このようなリズムは生得的なものではなくて，人間と環界との積極的な対峙のなかで得られるものである．」つまり，自身の行為と環境間の相互作用を通して，タスクを実現するために必要となる神経や筋の働きが規則的に秩序付けられ，適切な運動リズムや動作タイミングが獲得されるということである．

次節では，こうした運動スキルが感覚や運動を通してどのように獲得され得るのか，またそれを人工システムとして実現するにはどのように設計すればよいのかについて工学的側面から考察していく．

6.4 運動スキルの工学的実現

前節までの説明で，巧みな動作の実現には身体の各部位を協調させながら，同時に得られる感覚情報と身体運動の関係を統合し，次回以降の運動生成に役立てる必要があることを述べた．また，その運動効果を高めるには，運動リズムや動作タイミングが重要な要素であった．本節では，これらの人の身体運動に関する知見をロボットの運動生成に応用した一例を紹介する．

6.4.1 ジャグリングの運動スキル

「ジャグリング」とは，複数の物体を器用に操る曲芸の総称である．多くのボールやクラブを巧みに操るさまは，人間がもつ動作の巧みさを感じさせる．ジャグリング技術の習得には，感覚と運動の統合，両腕の協調動作，運動学習などさまざまな運動スキルに関する問題が含まれており，かねてより，スポーツ科

学をはじめ，神経科学，心理学，ロボット工学等の分野において興味深い研究対象となってきた。ここでは，こうしたジャグリングタスクのうち，図 **6.3**(a) に示すような2台のロボットがたがいに向かいながら，床面を転がる二つのボールをパスし合う「2ボールパッシングタスク」を考えよう。本タスクを実現するには，つぎの二つの運動スキルが必要となる。

1. センシングした個々のボールの運動に合わせてパドルの打撃タイミングを調節する。
2. 互いのボール間の位相を一定秩序に保つ。

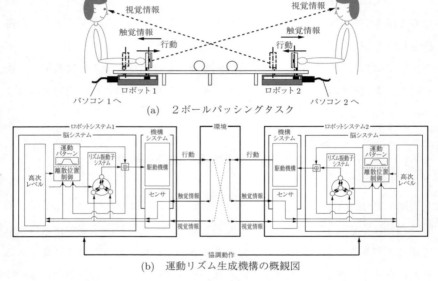

(a) 2ボールパッシングタスク

(b) 運動リズム生成機構の概観図

図 **6.3** 2ボールパッシングタスクにおける運動リズム生成

1. の腕の時空間的な動作調整には感覚と運動の協調動作が必要であり，これは運動制御の観点から興味深い。一方，2. は各ボール間の位相がジャグリングのパターンを構成していることから，タスクそのものの安定性に関わる重要なスキルといえる。これらの運動スキルの実現には，対象となるボールの感覚情報と腕の運動の間に働く双方向の作用が不可欠で，この相互作用がタスクを成功させる鍵となる。

6.4.2 運動リズムの生成

本項では，ボールパッシングに適した運動リズム生成機構の提案を行ない，その設計概念と機構各部の情報処理について述べる。

まず，本運動リズム生成機構を概観すると，図 6.3 (b) に示すように，ロボットと環境間には感覚と運動によって生じる双方向の相互作用が働いており，各ロボットは環境を介して相手ロボットと情報の伝達を行なうことにより，協調動作を実現することができる。また，ロボット単体は，以下に示すような機構システムと脳システムの大きく二つのサブシステムから成っている。

（1） 機構システム

各ロボットのパドルには，タッチセンサが取り付けられており，ロボットは，ボールが自身および相手のパドルに接触したタイミングのみをセンシングすることができる。これらの情報は，人の視覚および触覚によるタイミング情報に対応付けられる。後述のロボットの脳システムは，この感覚情報に基づき，次回のボール打撃タイミングを予測し，パドルの適切な動作タイミングとその定型運動パターンを出力する。ロボットは出力された運動指令に従い，パドルの駆動を行なう。

（2） 脳システム

ロボットの脳システムは運動制御の階層化の仮説に基づき，設計されている。脳システムの高次層では，タスクの開始，停止等の一般的な特徴を扱い，これらの命令は以下のリズム振動子への定常入力パラメータ w として与えられる。また，駆動パターンは速度線図上で固定されており，この定型パターンを駆動するタイミングを適切に調節することで，タスクの実現を図る。

このタイミング調節機構として，図 **6.4** に示すような四つの弱結合型の非線形振動子から成るリズム振動子システムを用いる。リズム核振動子（osc0）を中核に，各センサ振動子（osc1, osc2）およびモータ振動子（osc3）が相互に結合し，たがいに同期しながら情報のやりとりを行なう。このとき，各振動子の結合係数（$\delta_1, \delta_2, \delta_3$）を調節することにより，リズム振動子全体の特性を変化させ，発現するリズムパターンを変えることが可能である。また，本リズム振

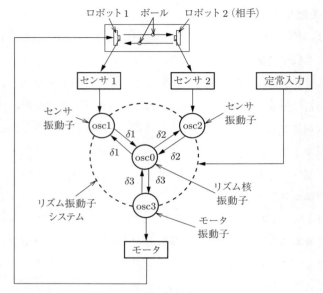

図 6.4 リズム振動子システム

動子は,外界・内界センサによってもたらされるタイミング情報に適応しつつ,一方で,開始,停止といった高次命令(定常入力)にも従う能力を持つ.

このリズム振動子を構成する各振動子モデルは,つぎのように表される.

リズム核振動子(osc0):

$$\begin{cases} \dfrac{du_0}{dt} = c\{v_0 + u_0 - \dfrac{1}{3}u_0{}^3 + \delta_1(u_1 - u_0) + \delta_2(u_2 - u_0) \\ \qquad\qquad + \delta_3(u_3 - u_0) + w\} \\ \dfrac{dv_0}{dt} = -\dfrac{1}{c}(u_0 + bv_0 - a) \end{cases} \quad (6.1)$$

センサ振動子 1(osc1):

$$\begin{cases} \dfrac{du_1}{dt} = c\{v_1 + u_1 - \dfrac{1}{3}u_1{}^3 + \delta_1(u_0 - u_1) + w\} \\ \dfrac{dv_1}{dt} = -\dfrac{1}{c}(u_1 + bv_1 - a) \end{cases} \quad (6.2)$$

センサ振動子2（osc2）:

$$\begin{cases} \dfrac{du_2}{dt} = c\{v_2 + u_2 - \dfrac{1}{3}u_2^3 + \delta_2(u_0 - u_2) + w\} \\ \dfrac{dv_2}{dt} = -\dfrac{1}{c}(u_2 + bv_2 - a) \end{cases} \quad (6.3)$$

モータ振動子（osc3）:

$$\begin{cases} \dfrac{du_3}{dt} = c\{v_3 + u_3 - \dfrac{1}{3}u_3^3 + \delta_3(u_0 - u_3) + w\} \\ \dfrac{dv_3}{dt} = -\dfrac{1}{c}(u_3 + bv_3 - a) \end{cases} \quad (6.4)$$

ここで，u_i, v_i ($i = 0, 1, 2, 3$) は膜電位，不応性を表している．各システムパラメータは詳細な分岐構造が調べられている論文[46]に倣い，$a = 0.7$, $b = 0.8$, $c = 3.0$ と固定している．また，結合係数 $\delta_1, \delta_2, \delta_3$ は生成する運動パターンに応じて決められる．さらに，パラメータ w は定常入力を表し，高次の脳システムによって制御される．タスクを成功させるには，適切なタイミングでパドルを駆動する必要があるが，提案するリズム振動子システムの持つ非線形特性（引き込み）を利用することにより，感覚運動リズムに同期した動作タイミングが生成可能である．また，本システムは一つの振動子を核として，各振動子が相互結合しており，これらの位相はたがいにロックされている．この二つの特性が6.4.1項で述べた二つの運動スキルの実現に貢献している．

6.4.3 ロボット実験

前節で説明した運動リズム生成機構を搭載した2台のロボットによる実機実験を紹介する．

各ロボットは同等のハードウェアから構成されており，パドルに搭載されたタッチセンサは，ボールとパドルの接触タイミングを検知する．このとき，ロボットは2個のボールを区別することはできない．それぞれのロボットは，センサ信号によって内部に生成されるリズム振動子の運動リズム情報に基づき，独自にパドル駆動を行なう．なお，パドルの動作パターンは，等速でボールを打撃するパターンを選んでいる．図 **6.5** は，本タスクにおいて発現した2種類

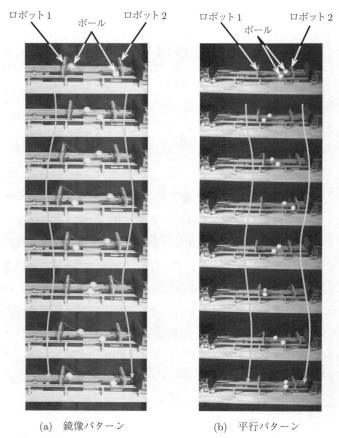

(a) 鏡像パターン　　　　(b) 平行パターン

図 6.5　ジャグリングロボットが実現する2種類の安定な運動パターン

の安定な運動パターンである。

図 (a) は，各ロボットのリズム振動子が同相で同期し，2台のロボットが対称にパドル動作を行なう「鏡像パターン」である。図 (b) は，各ロボットのリズム振動子が逆相で同期し，2台のロボットが同方向にパドル動作を行なう「平行パターン」である。これらの発現パターンは，リズム振動子の結合係数 (δ_1, δ_2, δ_3) に依存する傾向がある。ここでは，結合係数を「鏡像パターン」では $\delta_1 = \delta_2 = \delta_3 = 0.1$，「平行パターン」では $\delta_1 = \delta_3 = 0.1$, $\delta_2 = -0.1$ とした。

6.4 運動スキルの工学的実現　105

どちらのパターンにおいても，2 台のロボットはパドル駆動タイミングを巧みに調節しながら，ばらつくボール間の位相を修正し，二つのボールをパスし続けることが可能である。

また，図 6.6 は 2 台のロボット間で協調運動が創発される過程を示している。2 台のロボットが安定な協調動作を行う中（図中の 1～8），意図的にボール間の位相を乱したところ（図中の 9），各ロボットは試行錯誤によるボール打撃を行った後（図中の 10～34），再び安定した運動リズムを獲得し，協調動作を再現した（図中の 35～40）。

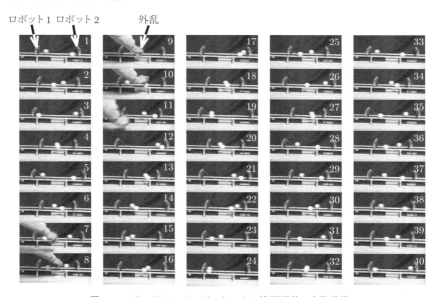

図 6.6　ジャグリングロボットによる協調運動の自律獲得

図 6.7 は，このときのリズム振動子群の応答，タッチセンサ信号，各ボールの位置を時間に沿って示したものである。各ロボットの内部では，センサ情報に応じて振動子群がたがいに相互同期し，次回のパドル駆動タイミングを調整していることが確認できる。2 台のロボット間では，環境（ボール）を媒体として離散的に相手ロボットへ運動リズムが伝達され，各ロボット内に搭載された振動子群システムはたがいにパルス結合した状態にある。この結果，ロボット

106　6. センシングと運動の協調

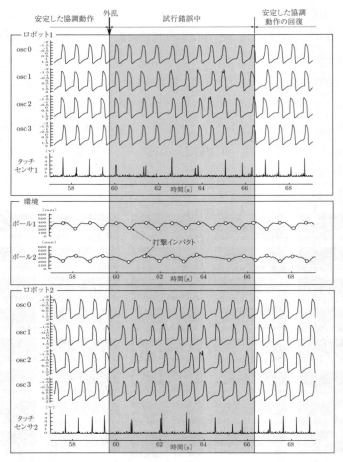

図 6.7 2 ボールパッシングタスクに発現した協調構造

と環境を含む系全体において自己組織的な時間秩序が形成され，2台のロボットの間に安定した協調動作が発現する．これらの結果は，6.3.2, 6.3.3 項で述べたダイナミックシステムズアプローチや運動リズムの知見と対応づいていることが理解できるだろう．ここには，環境（ボール）と2台のロボットの身体（パドル）およびそれらを制御するそれぞれの脳システム（運動リズム生成機構）の5者間にセンシングと運動を通した双方向の作用が働いており，この相互作用による協調構造がタスクを成功へ導いている．

7 運動学習と巧みさの発達

　ヒトは身体の多くの自由度を協調的に操作し，タスクに応じた巧みな運動を生成することができる。ただしこのような能力は，生まれながらに備わっているものではなく，日々の練習，すなわち学習を積み重ねて獲得されるものである。この学習についてもっと詳しく観察すると「学習に伴う運動の洗練」「意識的な運動から無意識的な運動への変化」「無意識的に行えるようになった運動の長期記憶」「学習の仕方による習熟の早さの違い」「習熟の度合いによる環境中の注目点の違い」などの興味深い事実が確認できる。これらがどのようにして実現されているのかについてはいまだ定説はないが，そのメカニズムが明らかになれば，スポーツの効果的な練習方法やリハビリテーションにおける有力な療法を導くことができる。また，ヒトと同様の機能を備えたロボットに多様な運動スキルを実装することも可能になる。

　本章では，巧みさを要するタスクの具体例として卓球を取り上げながら，以下のような観点から巧みな運動の生成と学習について考える。

1. タスクを遂行するために必要なスキルとは
2. スキルを実現するための情報処理とは
3. スキルを効果的に学習する方法とは

　またこれらの考察を踏まえ，卓球タスクを実際にロボットが学習する方法について述べるとともに，ヒトとロボットの卓球ラリーの実験結果を紹介する。

7.1 運動スキルの分類

巧みな運動を実現するためのスキルは，遂行するタスクによってさまざまな形態をとる．ここでは，いくつかの観点から運動スキルを分類しておく．

7.1.1 タスクに基づいた分類

運動開始・終了が明確な単一の運動パターンを実現するためのスキルを**離散的スキル**（discrete skill）と呼ぶ．ボールを打つ，投げる，蹴るなどのタスクに付随したスキルであり，卓球タスクもこの分類に含まれる．一方，明確な開始・終了を伴わない形で展開される動作に関わるスキルを**連続的スキル**（continuous skill）と呼ぶ．走る，泳ぐ，自転車をこぐなどのリズミックな運動や車のハンドル操作などが相当する．なお，体操の床演技のような複数の動作を結合した場合のように，離散的スキルと連続的スキルを併用するタスクもある．

7.1.2 運動と認知に着目した分類

意図した運動を正確に実行するスキルを**動作スキル**（motor skill）と呼ぶ．一方，適切な運動を決定するために環境情報を読み取るスキルを**認知的スキル**（cognitive skill）と呼ぶ．多くのタスクではこれらのいずれのスキルも重要である．卓球タスクでは，飛来するボールの軌道から打撃時刻や打撃位置を予測し，適切な位置に打ち返すためのスイングパターンを決定するのが認知的スキル，そのスイングを正確に実行するのが動作スキルに相当する．

7.1.3 環境の予測性のレベルに基づいた分類

動的あるいは予測不能な環境下で発揮されるスキルを**オープンスキル**（open skill）と呼ぶ．一方，予測可能あるいは静的な環境下で発揮されるスキルを**クローズドスキル**（closed skill）と呼ぶ．卓球のラリーでは，時々刻々と変化するボールの状態に適切に反応しなければならず，まさにオープンスキルに相当

する．また，あらかじめ運動が計画できるゴルフのスイングは，クローズドスキルに分類される．

7.2 スキルを実現するための情報処理

6章において制御システムの観点から，ヒトの運動スキルがどのようにして発現されるか，またそれがどのように学習されるかを，コンピュータと同様の情報処理として捉える概念モデルを紹介した．

ここでは情報処理に伴う反応の遅れ，およびそれに対処するための予測や学習に焦点を当て，図 **7.1** のモデルを用いて説明する．

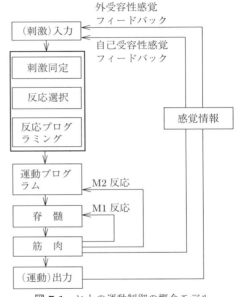

図 **7.1** ヒトの運動制御の概念モデル

7.2.1 脳の中枢神経系でなされる情報処理

脳の中枢神経系でなされる情報処理は，以下の三つの段階からなる．

- **第1段階（刺激同定）** 情報（刺激）が提示されたかどうかを決定し，提示されている場合はそれを同定する段階である．さまざまな情報源（視覚・聴覚・味覚・嗅覚・体性感覚）から環境情報の中身を分析し，情報を集約したり分離したりする．卓球タスクでは，ボールのスピードや方向を見極めることに対応する．

- **第2段階（反応選択）** 環境の性質が第1段階を通してわかると，第2段階が開始される．同定されたセンサ入力といくつかの可能な運動出力の間の関係がそれぞれ評価され，どのような反応をすべきかを決定する．適切な反応が見出せない場合は，何もしないという選択肢もあり得る．
- **第3段階（反応プログラミング）** 運動が決定された後，目標の運動を生成するために運動プログラムを作成する段階である．脳内の長期記憶領域および短期記憶領域から運動プランを取り出し，筋肉が適切な順番，強さ，タイミングで収縮して効果的に運動生成できるように運動プログラムを準備する．

以上の三つの段階を経て運動コマンドが生成され，脊髄を経由して筋肉に伝達されて身体運動となる．

7.2.2 閉ループと反応の遅れ

図7.1の概念モデルでは，（刺激）入力から（運動）出力に至るフィードフォワードな情報の流れとともに，出力された運動をセンシングして入力側に戻すフィードバック経路がある．この経路を見ると，フィードバック情報の戻る場所が3か所に分かれている．どこに戻るかにより，フィードバック情報を受け取って運動コマンドが生成され運動に変換されるまでの**反応時間**（reaction-time, RT）が異なる．RTは，運動コマンドを生成するための情報処理に要する時間を意味しており，巧みな運動と学習に密接に関わっている．

- **（脳の中枢神経系の）入力へのフィードバック** 身体の外から入ってくる環境情報（外受容性感覚）および身体内部から得られる身体情報（自己受容性感覚）が脳の中枢神経系に入り，情報処理の3段階を経て反応が生成されるので，RTは最も長く，反応は120〜180 ms遅れる．運動が意識的に行われる場合，このようなフィードバックループを通して運動制御される．
- **（脳の中枢神経系の）運動プログラムへのフィードバック：M2反応**
  身体内部から得られる情報が脳の中枢にフィードバックされ，すでに用

意されている運動プログラムに従って運動コマンドを生成し，脊髄を介して筋肉に送る制御ループである．情報処理の3段階を経る手間が省かれるので，RTは入力へのフィードバックに比べて短縮され，反応の遅れは50～80msといわれている．運動は無意識的に行われるが，反応を意識的に学習しておくことができる．例えば，スキーにおいて雪面の形状に合わせて膝の屈曲を柔軟に調整する機能的伸張反射と呼ばれる運動がこのフィードバックによって生成される．

・**脊髄へのフィードバック：M1反応** 筋肉からのフィードバック情報を脊髄に戻して運動コマンドを生成し，ただちに筋肉に送り返す制御ループである．生まれつき備わったすばやい定型の反応を生成する．予測しない外乱が加わったときに無意識的に発現する伸張反射などの脊髄反射と総称される反応に他ならない．運動制御における最下位レベルのフィードバックループを構成しており，反応の遅れは30～50msである．

なお，膝の大腿四頭筋腱部をハンマーで鋭く打つと下腿が跳ね上がる膝蓋腱反射は，以上のM1反応とM2反応が複合的に作用して生成される反応である．また，卓球のラケットをすばやくスイングするときのように運動の継続時間が100～300msになってくると，入力へのフィードバックの3段階の情報処理を含むフィードバックで逐一運動を調整することはできなくなる．このような場合は，ほとんどフィードバック情報は利用されず，主として事前に用意した運動コマンドを筋肉に伝達する開ループ制御によって運動が生成される．一方ゆっくりした運動の場合は，すべてのフィードバックループが機能する．

7.2.3 反応の遅れを克服するための予測

すばやい運動を行うときには，環境情報を取得し一連の情報処理を行った後に運動を生成したのでは間に合わない．このような場合，熟練者は環境でなにが起ころうとしているかを予測する．すなわち，図7.1のフィードフォワード経路の中枢神経系でなされる情報処理過程で環境の変化を予測し，その予測に基づいて事前に運動を計画し，運動プログラムを作成して運動を生成する．こ

の予測が的確であれば，適切な運動が遅れなく（$RT = 0$）実現される．予測に長けた熟練者の振る舞いはきわめて自然でかつ落ち着いて見える．このような熟練者の予測能力にはつぎの二つがある．

- **空間予測（spatial anticipation）** 環境でなにが起ころうとしているのかを予測する能力である．対戦相手が放つ卓球ボールの動きから打撃時のボールの位置や速度を予測したり，対戦相手の打撃フォームから飛来するボールのコースや球質を予測することで，的確な運動を事前に計画することが可能となる．

- **時間予測（temporal anticipation）** いつ環境の変化（イベント）が起こるかを予測する能力である．対戦相手が放つ卓球ボールの動きから打撃時刻を予測することにより，適切なタイミングで事前に計画した運動を開始することが可能となる．

予測には環境の変化（イベント）の規則性に関する多くの経験や知識が必要になるので，効果的な予測は簡単ではない．スポーツでは，たがいに相手がなにをいつ起こすかを予測し合うような戦略的相互作用が一つの魅力にもなっている．

7.2.4 GMPとスキーマ

優れた卓球プレーヤは，時々刻々と変化するボールの状態に適切に反応する．ボールの飛行特性を左右する要素（スピード，方向，軌跡，スピン，反発特性）や相手の位置取りなどを考えると，以前とまったく同じような打ち方をするわけではないので，本質的にはすべての動作が以前に行ったものと異なる．それにもかかわらず，熟練者の運動フォームは，十分練習した動作を再現しているかのように，素晴らしい型と美しさを備えている．それでは，どうやって運動プログラムが修正されるのであろうか．

GMP（generalized motor program）仮説では，長期記憶に格納されている運動パターンを再現するときに，環境の変化に応じて運動パターンが修正されると考える．ただし，記憶している運動パターンを大幅に修正するわけでは

なく，運動のスピードやスケールといった表面的特徴のみが修正される。すなわち，運動のパラメトリックな調整である。もちろん，運動パターンを変化させるには使用する身体の筋肉の調整も必要であるから，GMP 仮説では運動を生成する筋肉の筋力パターンもパラメトリックな調整がなされると考える。運動パターンと筋力を関連付けるのが**スキーマ**（schema）である。

ボールを投げるタスクを例にとってスキーマを説明してみよう。図 **7.2** は，A, B, C の筋力で投げたとき，ボールの飛距離が P, Q, R となったことを表している。これらの関係は，図中の点で表される。これらの点を曲線（図では直線）補間した実線がスキーマにほかならない。ボール投げの練習を重ねると，図中の点の数が増え，スキーマの信頼性が向上していく。信頼性の高いスキーマがいった

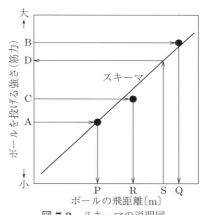

図 **7.2** スキーマの説明図

ん得られると，スキーマを表す実線を利用することにより，これまで実行したことのない飛距離 S のボール投げに必要な筋力が D と定まる。この D の値を GMP に送り運動プログラムのパラメータ値に対応付けることによって，最終的に望ましいボールの飛距離が実現される。

スキーマは，ヒトのアクションとその結果を GMP のパラメータ値に関連付けるルールである。アクションと結果をヒトというシステムの入出力と考えると，スキーマは入出力データを関連付ける関数あるいは入出力マップと考えることもできる。

7.3 巧みな運動の学習

前節で述べた巧みな運動を実現するための情報処理メカニズムを踏まえ，運動学習の進展とともに巧みな運動を実現するためのスキルがどのように変化し

ていくかについて概観した後，効率的な学習方法について説明する。

7.3.1 学習によるスキルの変化

獲得しようとするスキルについてまったくの初心者であれば，まずは具体的な練習目標をたてる必要がある．どのような動作をいつ実行するか，また実行結果をどのように評価するかについて考える段階である．この段階において，適切な教示を受けたり，模範的な運動パターンが観察できると，学習が著しく進展する可能性がある．

具体的な練習目標が明確になると，スキルを洗練する段階に至る．すなわち，目標を達成するための効果的な動作を獲得する学習が行われる．このとき，すばやい運動を実現するスキルが目標であれば，運動を遂行するための運動プログラムが洗練される．ゆっくりした運動を実現するスキルの場合は，フィードバック情報を処理し利用することに熟達していく．また，予測可能な環境下で発揮されるクローズドスキルを学習する場合は，特定の運動パターンの洗練が行われる．一方，予測不能な環境下で発揮されるオープンスキルに対しては，運動を多様化する学習が行われる．

このようなスキルを洗練する段階が過ぎると，ほとんど自動的にスキルを発揮する段階となる．この段階になると，適切な運動プログラムができ上がり，環境情報のセンシングおよび同定も自動化される．すなわち，脳の中枢神経系でなされる情報処理の一連のプロセスが自動的に行われるようになる．

7.3.2 コーチング

運動スキルの効率的な学習について，コーチングの観点から考えてみよう．

（1）注意の操作

特定タスクのスキルを身に付けようとしている初心者にとって，タスクを遂行するためのポイントとなる要素に注意を向けることが最も重要である．優秀なコーチは，タスクに関連した手がかりや情報を理解させ，それらに注意を向けさせることによって，学習者がスキルを効率的に向上させていくことを可能に

する。注意を向ける対象は，外部環境のタスクに関連する要素や，学習者自身のタスクに関わるフィーリングなどであり，卓球タスクでは，飛来するボールが卓球台上でバウンドした後，上昇して頂点に達する少し前の打球点が相当する。この打球点を予測する能力は，卓球タスクを遂行するための重要な要素の一つとされている。また，スキルの向上とともに注意を向けるポイントを変化させ，学習効率を向上させることもよく行われる。

（2） 学習（練習）のスタイル

スキルを身に付けるための学習（練習）のスタイルについて述べる。学習スタイルは，物理的学習とメンタルな学習に大別されるが，物理的な学習（練習）スタイルは以下のように分類される。

（a） シミュレータ練習　実際のタスクの特徴を模擬したシミュレータによる練習であり，コストや安全性の観点から実際の環境で練習を行うのが難しい場合に利用される。初心者がドライブシミュレータを使って自動車の運転技術の基本を身につける練習は，その典型例である。

（b） 部 分 練 習　複数の運動からなるタスクや初心者にとって複雑なタスクをパーツに分解し，パーツごとに練習を行った後にそれらを組み合わせて目標のスキルの習得をはかる練習スタイルである。この部分練習は，さらにつぎの三つのタイプに分類される。

  (b-1)　**断片的練習**　スキルをパーツに分けて行う文字通りの練習スタイル

  (b-2)　**部分追加練習**　スキルのある部分を学習後，新たな部分を追加して学習を続けていき，最終的に目標のスキルを習得する練習スタイル

  (b-3)　**簡単化練習**　スキルの難しい部分を簡単化して行う練習スタイル

（c） スローモーション練習　実際の運動よりもゆっくりしたスピードで練習し，基本的な運動パターンを身に付ける練習スタイルである。

（d） 誤差検出練習　実際に行った運動に付随したフィードバック情報を解釈し，運動結果を適切に評価する能力を身に付ける練習である。

(3) 具体的な学習（練習）方法

特定タスクの運動スキルを身に付けるには練習を繰り返す必要があるが，やみくもに繰り返しても効果は上がらない。すなわち，練習の質が問題となる。練習の目的は運動プログラムの獲得であるから，タスクに応じた適切な練習方法をとらなければならない。「ボール投げ」のような単一のタスクに対する具体的な練習方法には，つぎの二つがある。

（a）**一様な練習**　同一の運動パターンを繰り返し練習する方法であり，「ボール投げ」では，同じ位置に同じスピードのボールを投げる練習に相当する。初心者が理想的な運動フォームを身に付けるときに効果的である。

（b）**多様な練習**　同一のタスクの運動パターンをさまざまに変化させて行う練習であり，「ボール投げ」では，異なる位置に異なるスピードのボールを投げる練習に相当する。同一の運動パターンの練習が完了した後，環境の変化に対応して運動パターンを適切に修正するオープンスキルを身に付ける場合に効果的である。GMPのスキーマの信頼性を向上させる練習と捉えることもできる。

7.4　ロボットによる卓球タスクの学習

これまで述べてきたヒトの運動スキルの生成と学習に関する考え方に基づき，ロボットが卓球タスクをマスターするプロセスについて考えてみよう。なお，ここでいう卓球タスクとは，通常の卓球台（ネット高さ160 mm）を用いてヒトとラリーを続けることを念頭に，相手コートの目標位置に目標飛行時間でボールを返球するタスクを意味するものとする。すなわち，返球するボールの到達位置と飛行時間を正確にコントロールするためのスキルを身に付けることをロボットの学習目標とする。

7.4.1　ロボット本体と計測制御システム

ロボットの学習プロセスについて述べる前に，ロボット本体と計測制御シス

7.4 ロボットによる卓球タスクの学習　117

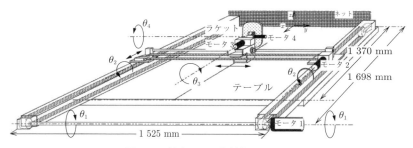

図 **7.3**　卓球タスクを行うロボット

テムについて説明しておく．ロボット本体の概観を図 **7.3** に示す．

　ロボットに向かって飛んでくるボールは卓球台上で必ず反発するため，台から一定の高さでラケットが移動する前後左右の 2 自由度と，ボールを打ち返す時のラケット姿勢を決める 2 自由度の合計 4 自由度を操作することで基本的な卓球タスクが実現できる．図のロボットでは，モータ 1, 2 によって 1 辺 155 mm の正方形のラケットが台からの高さ 195 mm の水平面内で前後左右に並進移動する．また，モータ 3, 4 によってラケットの姿勢を決める回転動作が生成される．卓球タスクを実現するための計測制御システムを図 **7.4** に示す．2

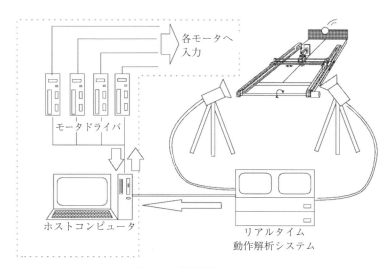

図 **7.4**　計測制御システム

台のCCDカメラで捉えたボール画像はリアルタイム動作解析システムで解析され，1/60 s ごとにボールの重心の3次元位置データがホストコンピュータに送られる．ホストコンピュータによって生成された制御コマンドがモータドライバを介して各モータに入力され，ラケットの打撃動作となる．

7.4.2 卓球タスクのためのスキル

卓球タスクは，変化する環境としてのボールを，予測した打球点で打ち返すタスクであり，物体の動きや外界の出来事を予測してそれに身体を時間的空間的に一致させるタスクの典型例である．このタスクを遂行するためのスキルは，運動開始，終了が明確な単一の運動パターンを実現するための離散的スキル，動的あるいは予測不能な環境下で発揮されるオープンスキルに分類される．また，意図した運動を正確に実行する動作スキルとともに，環境情報を読み取る認知的スキルを必要とする．特に，ボールの軌道の空間予測や，ボールが打球点へ到達する時間予測が重要である．

以下では，これらのスキルをロボットが身に付けるためのプロセスについて，ヒトの学習方法と対応させながら説明する．

7.4.3 注意の操作に関する教示

卓球のスキルを身に付けようとしているロボットに，タスクに関連した手がかりを教え，それに注意を向けさせることがコーチングの第1ステップとなる．卓球タスクにおける重要なポイントといわれる「飛来するボールが卓球台上でバウンドしたのち上昇して頂点に達する少し前の打球点」もその一つである．また「打ち返したボールの到達位置と飛行時間」は，学習目標を評価するための重要な手がかりである．これらの手がかりをロボットが獲得するには，卓球タスクにおける1ストローク中のボール状態を「ボールイベント」として認識し，定量化できなければならない．図 7.5 は，いくつかの「ボールイベント」を定義して1ストローク中のボール状態を離散的に捉えたものである．

相手もしくは打球機がボールを打撃した瞬間を s，飛来するボールの挙動を計

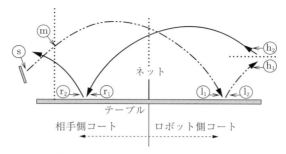

図 **7.5** ストローク中のボールイベント

測するために設定された仮想平面をボールが通過した瞬間を m，ボールがネットを越えて台上でバウンドした瞬間を l，ボールがロボットの高さまで跳ね上がり打ち返される瞬間を h，その後打ち返されたボールが再び相手側の台上でバウンドする瞬間を r とする．添字の 1, 2 はそれぞれ反発の "直前" と "直後" を表している．

7.4.4 スキーマ（入出力マップ）の学習

卓球タスクをマスターするときのポイントである「飛来するボールが卓球台上でバウンドしたのち上昇して頂点に達する少し前の打球点」を予測する認知的スキルの学習について考える．

打球点の予測は，飛来したボールのある瞬間の状態から将来の状態を予測することに対応するから，図 7.5 の仮想平面通過時（イベント m）におけるボールの状態を表す入力を用いてボールが打撃される時刻（イベント h_1）とそのときのボール位置と速度を予測する入出力マップ（スキーマ）を学習する問題と考える（図 **7.6**）．

一般には，このような入出力関係を表現するのに数式モデルが用いられるが，ヒトが数式モデルを学習するとは思えない．神経科学の分野では，神経回路網によって入出力関係が表現されると考えられている．多くの入出力のデータを用い，神経回路網のパラメータを学習すれば，入出力関係が近似的に表現できるようになる．ただし，入出力関係が複雑になればなるほど学習に多くの時間

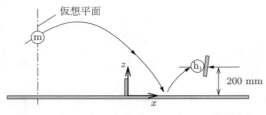

図 7.6 イベント m から h_1 へのボールの状態変化を表すマップ 1

を要する．

一方，物理的な因果関係をデータマップで表現する方法もある．この方法では，入出力関係を実験的に得られる計測データとしてそのまま記憶しておき，類似した入力に対する出力を記憶データから推定する．大量のデータを記憶し高速に処理できるロボットにはこの記憶データに基づくアプローチが適しており，ここではこの方法を打球点の予測に用いる．

まず，入出力関係を実験的に得るための手順について説明する．

① 打撃を行わず，飛来するボールの軌道を計測する．
② イベント m におけるボール状態を仮想平面付近のボールの位置データから求める（入力データの取得）．
③ イベント h_1 におけるボール状態を打撃平面付近のボールの位置データから求める（出力データの取得）．
④ 統計的手法により信頼できるデータのみを格納する．

以上のようにして多くの入出力データ対を記憶した後，イベント m におけるボール状態が新たに得られると，非線形補間が可能な**局所重み付き回帰法**（**LWR**，locally weighted regression）を用いて打球点の予測を行う．例えば，打球点位置に対応した座標の一つを y とすると，新たに得られた入力ベクトル（その成分を $x_i(i=1,\cdots,m)$ とする）に対して

$$y = \beta_0 + \beta_1 x_1 + \cdots + \beta_j x_j + \cdots + \beta_m x_m \tag{7.1}$$

から予測値を計算する．ただし，$\beta_i(i=1,\cdots,m)$ は，新たに得られた入力ベク

トルと記憶されているデータの入力ベクトルとの距離に応じた重み付け処理を含む最小2乗法によって求められる重み係数である。打球点位置を表す他の座標や打球点におけるボール速度も同様にして予測される。なお，予測の精度は，記憶しているデータの精度だけでなく，データの分布の仕方にも依存する。精度のよい予測をするためには，さまざまな方向から異なる速度で飛来するボールの運動データを記憶しておく必要がある。すなわち，前節で述べた多様な練習が重要である。このような練習を重ねるにつれて，入出力データを関連付けるスキーマの信頼性が向上していく。

7.4.5　ラケットの操作スキルを習得するための部分追加練習

以上で述べた打球点の予測ができるようになっても，打ち返すボールの到達位置と飛行時間を正確にコントロールすることはできない。ラケットの速度と姿勢に依存して，打撃されたボールのコースと速度は変化する。打球点におけるボールの状態に応じた適切なラケット操作が必要となる。このラケットの速度 V_h と姿勢 θ_3, θ_4 を決定するのも認知的スキルであり，ここでは以下の二つの入出力マップを考える。

1. ラケットの速度と姿勢による打撃されたボールの打撃前後の速度変化を示すマップ
2. 打撃直後のボール速度と打撃されたボールのバウンド位置および時間との関係を表すマップ

これらは，図 **7.7**, **7.8** に示すようなボールの飛行やラケットとの反発の物理現象に関わる入出力関係を意味している。これらの入出力関係を，打球点の

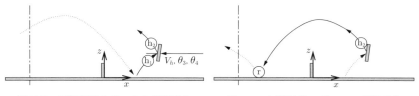

図 **7.7**　打撃前後のボールの状態変化を表すマップ2

図 **7.8**　打撃前後のボールの状態変化を表すマップ3

予測のための学習と同様に，計測データとしてそのまま記憶しておき，類似した入力に対する出力を記憶されたデータから推定する。

具体的には，打球点の予測をもとにランダムに選択されたラケット速度および姿勢で打撃を行い，打撃時のラケット速度，姿勢とボールの状態変化の関係，および打撃直後のボール速度に対するバウンド位置および時間の関係を入出力データとして蓄積する。すなわち，この学習は，スキルのある部分（打球点の予測）を学習後，新たな部分（ラケットの速度と姿勢の決定）を追加して学習する部分追加練習のスタイルに相当する。また，ラケット速度および姿勢をランダムに操作して打撃を行うことから，打球点の予測のための学習と同様，多様な練習に相当する。

つぎに，新たに得られた図 7.7，7.8 のマップを利用してラケット速度と姿勢を決定する方法について説明する。ここで注意しなければならないのは，ラケット速度と姿勢を決定するには，記憶したこれらの入出力マップを逆にたどる必要があることである。すなわち，まず打ち返すボールのバウンド位置と飛行時間を決め，それを達成するための打撃直後のボール速度を図 7.8 の逆マップを使って決定する。

つぎに，この打撃直後のボール速度を実現するため，図 7.7 の逆マップを使って打撃時のラケット速度と姿勢を決定する。なお，図 7.7，7.8 の逆マップは，すでに得られているデータの入出力関係を逆転させたものであり，学習済みのデータをそのまま利用できる。

7.4.6 卓球タスクの動作スキルの学習

飛来するボールの軌道から打撃時刻や打撃位置を予測し，適切な位置に打ち返すためのスイングパターンを決定するための認知的スキルを習得したロボットにとって，つぎに習得しなければならないのが，そのスイングを正確に実行するための動作スキルである。ヒトは，多くの時間をかけスイングを繰り返してこの動作スキルを身に付けるが，ロボットも同様にして動作スキルを身に付けることができる。筋肉に相当するアクチュエータや動作を生み出すメカニズ

ムがヒトに比べてよくわかっているロボットでは，この動作スキルを修得する方法がいくつか存在する。

ここでは，学習制御と呼ばれる手法でいくつかの異なるスイングパターンを正確に再現できるようにした後，それらを組み合わせることによって，これまで行ったことのない新しいスイングパターンを正確に実現させる方法を用いる。詳しくは文献を参考にされたい。

7.4.7 ロボットによる卓球タスク

以上で述べた学習のプロセスを経た後，ロボットが実際に卓球タスクを実行できるようになったことを以下に示す。

（1） 打球点の予測マップ1による予測結果

マップ1を用いた打球点における打撃時刻と打撃位置の予測結果を示す。この実験では，打球機のボール打ち出し位置，角度，速度を変更することによって得られた400球分のボール軌道データを用いている。その内の200球を用いてマップ1を学習し，残りの200球を用いて予測精度を評価する。

ボールが仮想平面を通過した時刻（イベントm）をゼロとして打撃時刻を予測した結果を図 **7.9** に，打撃位置の予測結果を図 **7.10** に示す。これらの図から，打撃のおよそ 0.5 s 前に予測した打撃時刻の誤差は数 ms，打撃位置の誤差は数 cm であることがわかる。すなわち，予測時刻に予測位置へとラケットを運べば，ほぼラケットの中心でボールを捕らえることが可能である。

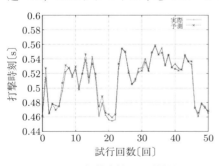

図 **7.9** 打撃時刻の予測結果

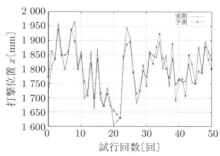

図 **7.10** 打撃位置の予測結果

（2） マップ2，3によるボールの到達位置と飛行時間の制御結果

マップ2，3を利用して打撃姿勢と打撃速度を決定し，相手コートの目標位置に目標飛行時間でボールを返球する卓球タスクを実行した結果を示す。

（a） 飛行時間の操作　ボールの目標到達位置は固定したままで，試行（打球機によるボールの打ち出しとその打ち返し）ごとにボールの飛行時間を0.5sと0.7sに交互に変えたときの飛行時間の変化を図**7.11**に示す。なお，各試行ごとにマップ2および3のデータは更新，すなわち学習が継続されている。このため，試行回数が増えるにつれて飛行時間の制御性能が向上し，試行回数150回目付近からほぼ目標値を達成していることがわかる。学習によりタスク目標近辺のデータ密度が上昇し，入出力マップの信頼性が向上したものと考えられる。

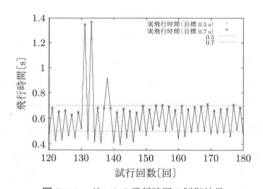

図 **7.11**　ボールの飛行時間の制御結果

図**7.12**および図**7.13**は，図7.11の179回目（飛行時間0.7 s）と180回目（飛行時間0.5 s）の試行時におけるボール軌道を，真上と側面から表示したものである。$(x, y, z) = (-1\,800, 30, 300)$〔mm〕の位置から打球機で打ち出されたボールが$(x, y, z) = (800, 20, 240)$〔mm〕付近で打ち返された後，飛行時間0.5 sの低い弾道と飛行時間0.7 sの高い弾道を描いて目標点$(x, y, z) = (-1\,100, 300, 0)$〔mm〕付近にいずれも落下していることがわかる。

7.4 ロボットによる卓球タスクの学習   125

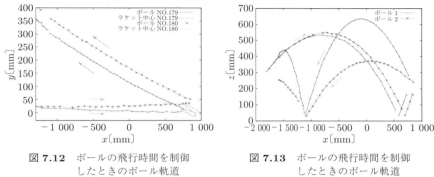

図 7.12 ボールの飛行時間を制御したときのボール軌道

図 7.13 ボールの飛行時間を制御したときのボール軌道

（b） 到達位置の操作　ボールの目標飛行時間を固定し，目標到達位置を変化させたときも，十分学習した後のボールの落下位置誤差は x 方向で約 ∓ 100 mm，y 方向で約 ∓ 50 mm となり，ほぼ人間と同等の精度で落下位置が操作できることを確認している．

7.4.8　ヒトとロボットの卓球ラリー

以上で述べた卓球タスクの実験における打球機をヒトに置き換え，卓球ラリーを実現した結果を紹介する．ロボットのラケットは卓球台上を移動するため，対戦相手との距離が実際の卓球環境より短くなる．そこで，図 7.14 のようにロボット側卓球台とヒト側卓球台の間を 300 mm あけ，ヒト側卓球台の端にネットを設置することにより，実際の卓球環境に近づけている．またロボットは，打撃後のボールが落下するまでの飛行時間と到達位置を操作し，対戦者にとって打ちやすいボールを返球する．

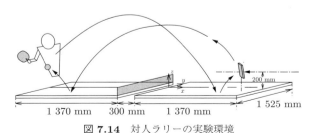

図 7.14　対人ラリーの実験環境

図 **7.15** は，対人ラリー遂行中のボールとラケットの軌跡をリアルタイム動作解析システムで計測し x–y 平面に投影したものである．また図 **7.16** は，このときのラケットの中心位置の軌跡を抜き出し，予測した打球点を書き加えたものである．このラリーにおいて，返球後のボールの飛行時間は 0.55 s，目標到達位置の x 座標は $-1\,550$ mm に固定している．また目標到達位置の y 座標は，飛来したボールの打球点に応じて少しだけ変化させている．

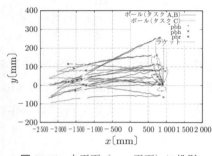

図 **7.15** 水平面（x–y 平面）に投影した対人ラリー遂行中のボール軌跡（*pbh：予測した打球点，pbh：実際の打球点，pbr：ボールの落下点）

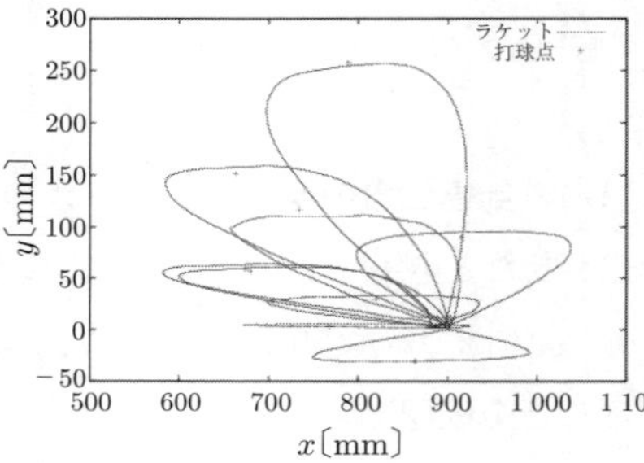

図 **7.16** ラケットの中心位置の軌跡と打球点

ラリー中にロボットは，ボールを打ち返した直後に待機位置 $(x, y) = (900, 0)$ 〔mm〕に毎回戻る．図 7.15 において，実線で示したボール軌跡の部分は，運動スキルによってラケットが運動している状態に対応し（タスク A：打撃動作，タスク B：待機位置への帰還動作），点線で示した部分は，ラケットが待機位置で静止している状態に対応する（タスク C：認知スキルによる情報処理）．これらの図から，ロボットは打撃位置を変化させながら，つねに対戦者にとって返球しやすいボールを打ち返し続けていることがわかる．

引用・参考文献

1 章

1) Vladimir M. Zatsiorsky: Kinetics of Human Motion, Human Kinetics (2002)
2) David A. Winter: Biomechanics and Motor Control of Human Movement, JOHN WILEY & SONS (2005)
3) 山下謙智 編著, 伊藤太郎, 東 隆史, 徳原康彦 共著：多関節運動学入門, ナップ (2007)
4) 小田伸午：運動科学 ―アスリートのサイエンス―, 丸善 (2003)
5) 伊藤宏司：ニューロダイナミクス, 共立出版 (2010)
6) 川村貞夫：ロボット制御入門, オーム社 (1995)
7) 吉川恒夫：ロボット制御基礎論, コロナ社 (1988)
8) ニコライ A. ベルンシュタイン 著, 工藤和俊, 佐々木正人 共訳：デクステリティ ―巧みさとその発達―, 金子書房 (2003)
9) 有本 卓, 関本昌紘："巧みさ"とロボットの力学, 毎日コミュニケーションズ (2008)
10) 有本 卓：知能科学 ―ロボットの "知" と "巧みさ"（ロボティクスシリーズ 6）, コロナ社 (2005)
11) 日本ロボット学会：特集号「生体筋骨格型ロボット」, 日本ロボット学会誌, Vol. **28**, 6 (2010)
12) 奈良勲 監修, 熊本水頼 編：二関節筋 ―運動制御とリハビリテーション―, 医学書院 (2008)
13) 伊藤宏司：身体知システム論, 共立出版 (2005)
14) 内山 勝：ソフトロボティクス, 日本ロボット学会誌, Vol. **17**, 6, pp.756–757 (1999)
15) 牧川方昭, 吉田正樹：運動のバイオメカニクス ―運動メカニズムのハードウェアとソフトウェア―（ロボティクスシリーズ 17）, コロナ社 (2008)

2 章

16) 吉川恒夫：ロボット制御基礎論, コロナ社 (1988)
17) 持丸正明, 河内まき子：人体を測る, 東京電機大学出版局 (2006)

3章

18) 阿江通良, 湯 海鵬, 横井孝志：日本人アスリートの身体部分慣性特性の推定, バイオメカニズム, Vol.11, pp.23–33 (1992)

19) 岡田英孝, 阿江通良, 藤井範久, 森丘保典：日本人高齢者の身体部分慣性特性, バイオメカニズム, Vol.13, pp.125–139 (1996)

4章

20) Seireg, A. and Arvikar, R.J.: A mathematical model for evaluation of forces in lower extremeties of the musculo-skeletal system, Journal of Biomechanics, Vol.**6**, 3, pp.313–326 (1973)

21) サディック M. サイト, ハビブ ヨゼフ 共著, 白石洋一 訳：組み合わせ最適化アルゴリズムの最新手法 —基礎から工学応用まで—, 丸善 (2002)

22) Grosse-Lordemann, H. and Muller, E.A.: Der einfluss der leistung und der arbeitsgeschwindigkeit auf das arbeitsmaximum und den wirkungsgrad beim radfahren, Arbeitsphysiologie, Vol.**9**, pp.454–475 (1937)

23) Crowninshield, R.D. and Brand, R.A.: A physiologically based criterion of muscle force prediction in locomotion, Journal of Biomechanics, Vol.**14**, 11, pp.793–801 (1981)

24) Pedotti, A., Krishnan, V.V. and Stark, L.: Optimization of muscle-force sequencing in human locomotion, Mathematical Biosciences, Vol.**38**, 1-2, pp.57–76 (1978)

25) Kaufman, K.R., An, K.W., Litchy, W.J. and Chao, E.Y.: Physiological prediction of muscle forces–I, Theoretical formulation, Neuroscience, Vol.**40**, 3, pp.781–792 (1991)

26) Kaufman, K.R., An, K.W., Litchy, W.J. and Chao, E.Y.: Physiological prediction of muscle forces–II, Application to isokinetic exercise, Neuroscience, Vol.**40**, 3, pp.793–804 (1991)

27) Pandy, M.G., Garner, B.A. and Anderson, F.C.: Optimal control of non-ballistic muscular movements: a constraint-based performance criterion for rising from a chair, Journal of Biomechanical Engineering, Vol.**117**, 1, pp.15–26 (1995)

28) Roberts W.M., Levine W.S. and Zajac F.E.: Propelling a torque controlled baton to a maximum height, IEEE Transactions On Automatic Control Vol.**24**, 5, pp.778–782 (1979)

29) Levine, W.S., Zajac, F.E., Belzer, M.R. and Zomlefer, M.R.: Ankle controls

that produce a maximal vertical jump when other joints are locked. IEEE Transactions On Automatic Control, Vol. **28**, 11, pp.1008–1016 (1983)

30) Zajac, F.E., Wicke, R.W. and Levine,W.S.: Dependence of jumping performance on muscle properties when humans use only calf muscles for propulsion, Journal of Biomechanics, Vol. **17**, 7, pp.513–523 (1984)

31) Pandy, M.G., Zajac, F.E., Sim, E. and Levine W.S.: An optimal control model for maximum-height human jumping, Journal of Biomechanics, Vol. **23**, 12, pp.1185–1198 (1990)

32) Anderson, F.C. and Pandy, M.G.: A dynamic optimization solution for vertical jumping in three dimensions, Computer methods in biomechanics and biomedical engineering, Vol. **2**, 3, pp.201–231 (1999)

33) Schumacher, G.H. and Wolff, E.: Dry weight and physiological cross section of human skeletal muscles. II. Physiological cross section, Anatomischer Anzeiger, Vol. **119**, 3, pp.259–269 (1966)

34) Yoshioka, S., Nagano, A., Hay, D.C. and Fukashiro, S.: The effect of bilateral asymmetry of muscle strength on jumping height of the countermovement jump: a computer simulation study, Journal of Sports Sciences, Vol. **28**, pp.209–218 (2010)

35) Nagano, A. and Gerritsen, K.G.M.: Effects of neuromuscular strength training on vertical jumping performance – A computer simulation study, Journal of Applied Biomechanics, Vol. **17**, 2, pp.113–128 (2001)

5 章

36) Woong Choi, Isaka, T., Sakata, M., Tsuruta, S., and Hachimura, K.: Quantifcation of Dance Movement by Simultaneous Measurement of Body Motion and Biophysical Information, International Journal of Automation and Computing, Vol. **4**, 1, pp.100–106 (2007)

37) Winter, D.A.: Biomechanics and Motor Control of Human Movement, Wiley Interscience (1990)

38) 伊坂忠夫,岡本直輝,船渡和男:スナッチ動作の技術分析 —トレーニング場面でのバーベル軌跡から—, トレーニング科学, Vol. **7**, 3, pp.131–140 (1996)

39) Prilutsky BI, Zatsiorsky VM. Tendon action of two-joint muscles: transfer of mechanical energy between joints during jumping, landing, and running. Jouranal of Biomechanics, Vol. **27**, 1, pp.25–34 (1994)

40) Prilutsky BI, Herzog W, Leonard T.: Transfer of mechanical energy between

ankle and knee joints by gastrocnemius and plantaris muscles during cat locomotion. Jouranal of Biomechanics, Vol. **29**, 4, pp.391–403 (1996)

6章

41) Guthrie, E.R.: The psychology of learning, Harper (1952)
42) Schmidt, R.A. and Wrisberg, C.A.: Motor Learning and Performance, third ed., Human Kinetics (2004)
43) Turvey, M.T., Fitch, H.L., and Tuller, B.: The Bernstein perspective: I. the problems of degrees of freedom and context-conditioned variability, Human Motor Behavior: An Introduction, Kelso, J.A.S. ed., Lawrence Erlbaum Associates, Inc. (1982)
44) Jackson, J.H.: On the comparative study of disease of the nervous system, British Medical Journal, pp.355–362 (1889)
45) クルト・マイネル：スポーツ運動学，大修館書店 (1981)
46) Yoshino, K., Nomura, T., Pakdaman, K., and Sato, S.: Synthetic analysis of periodically stimulated excitable and oscillatory membrane models, Physical Review E, Statistical Physics, Plasmas, Fluids, and Related Interdisciplinary Topics, vol. **59**, 1, pp.956–969 (1999)
47) Hirai, H., and Miyazaki, F.: Dynamic coordination between robots: self-organized timing selection in a juggling-like ball-passing task, IEEE Transactions on Systems, Man, and Cybernetics—Part B: Cybernetics, Vol. **36**, 4, pp.738–754 (2006)
48) 平井宏明, 宮崎文夫：人間に学ぶ：巧みな運動, 日本ロボット学会誌, Vol. **26**, 3, pp.234–237 (2008)

7章

49) Schmidt, R.A. and Wrisberg, C.A.: Motor Learning and Performance, third ed., Human Kinetics (2004)
50) Atkeson, C.G., Moore, A.W., and Schaal, S.: Locally Weighted Learning, Artificial Intelligence Review, **11**, pp.11–73 (1997)
51) Matsushima, M., Hashimoto, T., Takeuchi, M., and Miyazaki, F.: A Learning Approach to Robotic Table Tennis, IEEE Trans. on Robotics, Vol. **21**, 4, pp.767–771 (2005)
52) Miyazaki, F., Matsushima, M. and Takeuchi, M.: Learning to Dynamically Manipulate: A Table Tennis Robot Controls a Ball and Rallies with a Human Being, Advances in Robot Control (Editors: S. Kawamura, M. Svinin), pp.317–341 (2006)

章末問題解答

1章

- 【1】 膝が伸展することにより特異姿勢となり，各関節の角度変化に対して，水平方向の移動量を大きく取れる。このことは，水平方向の移動に効果的である。さらに，膝まわりの筋肉を過度に緊張させなくとも，構造的に骨格が胴体分の重量を支えることが可能となる。

- 【2】 脚は筋肉の力を利用しなくとも重力によって，振り子のような運動を生み出すことができる。人間が脱力に近い状態で歩行する場合が，これにあたる。重力によるので，エネルギー効率の高い運動となり，疲れにくい。ただし，重力と一部の筋肉の両方の力によって，歩行が実現されている。

- 【3】 フライパンの水平方向2自由度（奥への移動と横への移動）と水平面内での回転1自由度の合計3自由度である。本来フライパンは3次元空間の剛体で，6自由度を有している。しかし，電磁調理器の拘束面から離れないために，残りの3自由度（上限移動，平面から離れる方向の回転2自由度）を失う。

- 【4】 脚は運動せず固定して，胴体の筋肉と腕の筋肉で，自分の体重程度の重量物を持ち上げることは，困難な場合が多い。人間は冗長関節，冗長筋構造であるので，胴体や腕の筋肉を運動させず固定して，脚の筋肉によって重量物を持ち上げるほうが容易である。なぜならば，脚は最大の筋肉量を持っており，発生力も最大である。通常われわれは，自分の同じ程度の人間の体重は，背中に負ぶって持ち上げることができることから，体重と同程度の重量物を脚筋力によって持ち上げることが妥当な方法となる。

- 【5】 手の甲を見えるように手首が回転していると，大きな筋肉である上腕二頭筋が働かずに上腕筋のみの運動となり，発生力が小さくなる。この手首の回転位置では，筋の付着部位のために，上腕二頭筋が働かない。一方，手の平が見えるように手首が回転していると，上腕二頭筋が動作して，大きな力を発生できる。

2章

【1】
$$\boldsymbol{R} = \begin{bmatrix} 1 & 0 & 0 \\ 0 & \cos\theta & \sin\theta \\ 0 & -\sin\theta & \cos\theta \end{bmatrix}$$

【2】
$$^b\boldsymbol{R}_s = \begin{bmatrix} \dfrac{1}{\sqrt{2}} & \dfrac{1}{\sqrt{2}} & 0 \\ 0 & 0 & 1 \\ \dfrac{1}{\sqrt{2}} & -\dfrac{1}{\sqrt{2}} & 0 \end{bmatrix}$$

【3】
$$^1\boldsymbol{R}_2 = \begin{bmatrix} \dfrac{1}{\sqrt{2}} & \dfrac{1}{\sqrt{2}} & 0 \\ -\dfrac{1}{\sqrt{2}} & \dfrac{1}{\sqrt{2}} & 0 \\ 0 & 0 & 1 \end{bmatrix}, \quad \phi = -\dfrac{\pi}{4}, \quad \theta = 0, \quad \psi = 0$$

3章

【1】 力の作用点の座標 (x, y) は式 (3.9), (3.10) を参考に以下のようになる。

$$(x, y) = \left(\dfrac{x_1 F_1 + x_2 F_2 + x_3 F_3}{\sum_{i=1}^{3} F_i}, \dfrac{y_1 F_1 + y_2 F_2 + y_3 F_3}{\sum_{i=1}^{3} F_i} \right)$$

【2】 式 (3.24) に値を代入して上腕二頭筋の筋力 F_1 を求めると以下のようになる。

$$F_1 = \dfrac{2 \times 12 + 20 \times 28}{4} = 146 \text{ N}$$

【3】 筋電図は筋力に比例しているが，関節モーメントから求めた筋力 F_k は拮抗筋の筋力の影響を考えていないため拮抗筋が働いた場合は，実際の筋力を過小評価することが考えられる。

索引

【あ】

位　置	5
運動学	3
運動感覚	92
運動の制御	76
運動パフォーマンス	93
運動力学	3
エネルギー転移	87
オープンスキル	108

【か】

外界センサ	92
外受容感覚	91
外受容器	91
回転行列	20
解剖学モデル	15
開ループ制御システム	95
加速度センサ	40
慣性センサ	27
関節パワー	88
簡単化練習	115
拮抗筋の共収縮	80
協応構造	98
共収縮率	81
局所重み付き回帰法	120
筋骨格モデル	56
筋張力	56
筋電図	36, 79
筋の興奮水準	59
筋パワー	89
空間予測	112
クローズドスキル	108
計測モデル	16
剛　体	16
剛体モデル	16

剛体リンクモデル	42, 57
誤差検出練習	115
ゴニオメータ	27
固有受容感覚	92

【さ】

左右対称性指数	85
左右対称の動き	87
時間予測	112
姿勢角	5
シミュレータ練習	115
重心動揺計	36
自由度	5
柔軟性	7
針筋電図	36
身体重心	80
数値最適化計算	58
スキーマ	113
スローモーション練習	115
生理学的筋横断面積	65
積分筋電図	38
センサ	91
センシング	91

【た】

ダイナミックシステムズアプローチ	98
弾　性	7
断片的練習	115
知　覚	91
動作スキル	108
動力学	3
特異姿勢	9

【な】

| 内界センサ | 92 |

内受容器	91
二関節筋	87
二乗平均平方根	38
認知的スキル	108
粘　性	7

【は】

反応時間	110
ひずみ	33
ひずみゲージ	33
評価関数	62
表面筋電図	36
フィードバック制御	4
フィードフォワード制御	4
部分追加練習	115
部分練習	115
閉ループ制御システム	95
ベルンシュタイン問題	6, 98

【ま，や，ら】

モデル化	13
柔らかさ	7
ヤング率	34
床反力計	34
離散的スキル	108
両側性運動	87
連続的スキル	108
ロードセル	32

GMP 仮説	112
IMU	27
LWR	120
Penfield のホムンクルス	92

―― 編著者略歴 ――

1981年　大阪大学基礎工学部生物工学科卒業
1983年　大阪大学大学院基礎工学研究科修士課程修了（物理系専攻機械工学分野）
1986年　大阪大学大学院基礎工学研究科博士課程修了（機械工学専攻）
　　　　工学博士
1986年　大阪大学助手
1987年　立命館大学助教授
1995年　立命館大学教授
　　　　現在に至る

身体運動とロボティクス
Body Motion and Robotics　　　　　　　　　　　　　ⓒ Sadao Kawamura 2019

2019 年 5 月 22 日　初版第 1 刷発行

編　著　者	川　村　貞　夫
発　行　者	株式会社　コロナ社
	代 表 者　牛来真也
印　刷　所	三美印刷株式会社
製　本　所	有限会社　愛千製本所

112-0011　東京都文京区千石 4-46-10
発行所　株式会社　コロナ社
CORONA PUBLISHING CO., LTD.
Tokyo Japan

振替 00140-8-14844・電話(03)3941-3131(代)
ホームページ　https://www.coronasha.co.jp

ISBN 978-4-339-04529-1　C3353　Printed in Japan　　　　　（大井）

JCOPY　<出版者著作権管理機構 委託出版物>

本書の無断複製は著作権法上での例外を除き禁じられています。複製される場合は，そのつど事前に，出版者著作権管理機構（電話 03-5244-5088，FAX 03-5244-5089，e-mail: info@jcopy.or.jp）の許諾を得てください。

本書のコピー，スキャン，デジタル化等の無断複製・転載は著作権法上での例外を除き禁じられています。購入者以外の第三者による本書の電子データ化及び電子書籍化は，いかなる場合も認めていません。
落丁・乱丁はお取替えいたします。